普通高等教育“十三五”规划教材

生物化学实验指导

第2版

张宽朝　金　青　主编

中国农业大学出版社
·北京·

内 容 简 介

《生物化学实验指导》第2版以经典生物化学实验为基础，既适当保留传统验证性实验，又增加了一定比例的综合性、设计性实验。全书以研究技术为主线，共收集了38个实验项目，内容涵盖糖类化学、脂质化学、蛋白质化学、酶学、核酸化学、新陈代谢六大方面，包括物质提取、分离、定性鉴定、定量测定等常用实验，也包含DEAE-纤维素薄板层析法、等电聚焦电泳等新技术。书后附录包括常用仪器的使用方法、常用缓冲溶液的配制方法、实验室常用参考数据等内容，便于读者查阅。

在编写风格上，本书突出基础、实用，可操作性强，紧扣生物化学实验技术的核心知识，补充反映学科发展方向的新实验，注重实验科学的先进性及学生基本实验技能和综合创新素质的培养。本书适用于高等农业院校、综合性院校、师范类院校的生物科学类、植物生产类、食品工程类、环境科学类、动物生产类等相关专业的本科教学实验，也可供高等师范院校、综合性大学相关领域的科技工作者参考使用。

图书在版编目(CIP)数据

生物化学实验指导/张宽朝，金青主编. —2版. —北京：中国农业大学出版社，2019.6
(2020.8重印)

ISBN 978-7-5655-2216-1

Ⅰ.①生… Ⅱ.①张…②金… Ⅲ.①生物化学-化学实验-高等学校-教学参考资料 Ⅳ.①Q5-33

中国版本图书馆CIP数据核字(2019)第096508号

书　　名　生物化学实验指导　第2版

作　　者　张宽朝　金　青　主编

策划编辑　潘晓丽　　**责任编辑**　潘晓丽

封面设计　郑　川

出版发行　中国农业大学出版社

社　　址　北京市海淀区学清路甲48号　　**邮政编码**　100083

电　　话　发行部 010-62733489，1190　　读者服务部 010-62732336

编辑部 010-62732617，2618　　出　版　部 010-62733440

网　　址　http://www.caupress.cn　　**E-mail** cbsszs@cau.edu.cn

经　　销　新华书店

印　　刷　北京鑫丰华彩印有限公司

版　　次　2019年6月第2版　　2020年8月第2次印刷

规　　格　787×980　　16开本　　14.5印张　　265千字

定　　价　38.00元

第2版编写人员

主　编　张宽朝　金　青

副主编　余　梅　吴　彦　魏练平

参　编　（以姓氏笔画为序）

马　欢　王传宏　王朝霞　龙雁华　阮　飞

孙　锋　刘　鑫　何孔泉　余江流　张　琛

芮　斌　汪　曙　陶　芳　商　飞　蒋而康

第 1 版编写人员

主　编　金　青

副主编　余　梅　张宽朝

参　编　（以姓氏笔画为序）

马　欢　文　汉　龙雁华　孙　锋　何孔泉

阮　飞　汪　曙　张　琛　芮　斌　陶　芳

蒋而康　魏练平

第2版前言

生物化学是关于生命的化学，是生命科学类、植物生产类、动物科学类、环境科学类、食品科学类等相关学科和专业的基础核心课程。生物化学是一门实验性学科，生物化学实验技术日益成为当代生命科学及相关学科研究的重要手段，生物化学实验技术和方法的改进直接推动了生命科学及其相关学科领域的飞速发展。生物化学实验技术的训练，对加深学生理解和掌握生物化学实验基本原理和基础知识，加强学生对生物化学实验操作技术的实践和运用能力的培养，提升学生的观察、分析和解决问题的综合能力，塑造学生的团队合作意识和严谨的科学实验态度等都起着十分重要的作用。

《生物化学实验指导》第2版是在第1版的基础上，结合新形势下生物化学实验教学研究和教学改革的经验体会，对第1版教材进行了大量修订编写而成。全书以技术方法为主线，在传统验证性实验的基础上，增加设计性、研究性和综合性的实验项目，构建基础性、综合性、设计性3个层次的实验教学课程体系，既努力体现课程内容的创新性、实践性、先进性的特点，又兼顾不同学科、不同专业学生对生物化学实验学习的需求。

《生物化学实验指导》第2版共收集了38个实验，分为基础性实验、综合性实验、设计性实验3个单元，内容涵盖糖类化学、脂质化学、蛋白质化学、酶学、核酸化学、新陈代谢六大方面的研究技术，既有经典的物质提取、分离、定性鉴定、定量测定实验，也有广泛应用的DEAE-纤维素薄板层析、等电聚焦电泳等新技术。书后附录包括常用仪器的使用方法、常用缓冲溶液的配制方法、实验室常用参考数据等内容，便于读者查阅。

本教材由来自安徽农业大学、安庆师范大学、合肥师范学院的教师共同参与编写，融合了编者们多年从事生物化学实验教学实践的心得和对一些实验方法改进所做的有益尝试。本书实验内容均经过各位编委多年的实验教学及科研工作的反复验证，同时也参考了一些报道的其他研究方法，均为成熟的操作。本书可用于高等农业院校、高等师范院校及综合性大学生物科学类、植物生产类、食品工程类、环境科学类、动物生产类等相关专业的本科或研究生实验教学，也可供相关领域的科技工作者参考使用。

本教材在编写中借鉴和引用了国内外一些优秀教材与资料，在出版过程中得到安徽农业大学教务处、教材中心和中国农业大学出版社的大力支持和帮助，在此一并致以衷心的感谢！

在教材编写和出版过程中，编委们精益求精，突出基础，力求简练、实用，方便教学，但鉴于编者水平有限，书中错误及疏漏之处在所难免，敬请各位读者批评指正。

编　者

2019 年 1 月

第1版前言

生物化学是一门实验性科学，是农、林、医等院校相关专业重要的学科基础课程，生物化学实验技术日益成为当代生命科学及相关学科研究的重要手段，生物化学实验技术和方法的改进直接推动了生命科学及其相关学科的飞速发展。加强生物化学实验教学，掌握生物化学的实验技术、基本原理以及研究过程，不仅使学生加深对生物化学基本原理、基础知识的理解，而且对培养学生分析问题、解决问题的能力和严谨的科学态度及提高科研技能等都具有十分重要的作用。

为了培养学生的创新思维和实践能力，我们进行了教学改革，重组了实验教学内容，在传统验证性实验基础上，适当增加了一定比例的综合性、设计性实验，将全书实验内容整合为“基础实验”“综合性实验”“设计性实验”三大板块。在实验教学改革实践中，建立了既突出生物化学专业特色，又能提高学生基本实验技能、培养综合创新素质的实验教学体系。

《生物化学实验指导》共收集了36个实验，包括糖类、脂类、蛋白质、核酸、酶、生物代谢六大方面，既有常用的物质提取、分离、定性鉴定、定量测定实验，也有广泛应用的DEAE-纤维素薄板层析、各种凝胶电泳等新技术，对于一些传统经典而有特色的实验和方法仍作保留。在编写风格上，突出基础，简明、实用。本书强调生物化学的最基本实验原理、基本技术和方法，实验所用材料简单易得，尽量避免使用昂贵的器材。每个实验详细列出所需仪器、材料和试剂及其配制方法，且对于学生实验中易出错处及实验关键处，在注意事项中特别列出作为提示指导。书后附录部分更新了当前生物化学实验室常用仪器的使用方法介绍，并附常用数据表及常用试剂的配制等内容，可供读者查阅。

本书实验内容经过实验教学及科研的反复验证，同时也参考了其他一些研究方法，均为成熟的操作。本书可作为高等院校及专科院校生物、农、林、医等相关专业的本科教学实验，也可供高等师范院校、综合性大学相关领域的科技工作者参考使用。

书中借鉴了国内一些优秀教材与资料，在此表示衷心的谢意！本教材出版得到安徽农业大学教务处、教材中心和中国农业大学出版社的大力支持和帮助，在此一并表示感谢！

本教材融合了编者自身多年从事生物化学教学实践的心得和对一些实验方法改进所做的有效尝试。鉴于编者水平有限，书中必存在不当之处，真诚希望能得到广大读者的批评指正。

编　者

2014 年 5 月

目　录

绪论

一、生物化学实验室规则

生物化学实验室是培养学生科学、严谨的学习态度和工作作风，学习生物化学实验技术基本知识，训练并掌握生物化学实验技术的重要场所。学生应严格遵守生物化学实验室的规则，养成良好的实验习惯和实验规范，不断提高生物化学实验技术的运用和实践能力。

(1)认真预习实验指导，明确实验目的和要求，了解实验基本原理，掌握实验的步骤和操作方法，熟悉仪器设备的操作规程和注意事项。

(2)遵守实验课程纪律，上课不迟到、不早退、不无故旷课；自觉保持实验室的安静，认真听讲，按照要求回答老师问题，不得喧哗、谈笑；随时注意保持实验室整洁，滤纸、废品等必须按照要求放入废物桶内。

(3)实验中要认真、严格操作，仔细观察，如实记录实验现象和数据，并认真分析问题、处理数据，独立、按时完成实验报告。

(4)使用精密、贵重仪器，必须了解其性能和操作方法，严格遵守操作规程，并在老师指导下操作。实验中因故损坏仪器、器皿，应及时报告，并要给予适当赔偿。

(5)实验中应注意节约药品，取用药品不得超过规定用量；公用药品须按规定使用，用后及时放回原处，以备他人使用。

(6)凡进行有危险性的实验，实验人员应先检查防护措施，确证防护妥当后，才可进行实验。实验中不得擅自离开，实验完成后立即做好善后清理工作，以防事故发生。

(7)凡有害或有刺激性气体发生的实验应在通风柜内进行，加强个人防护，不得把头部伸进通风柜内。实验室所用的易燃物品，如乙醚、石油醚、乙醇等低沸点有机溶剂使用时严禁明火，远离火源。若需加热，不可直接在电炉上加热，使用水浴。

(8)腐蚀和刺激性药品，如强酸、强碱、氨水、过氧化氢、冰醋酸等，取用时尽可能戴上橡皮手套和防护眼镜，倾倒时，切勿直对容器口俯视，吸取时，应该使用橡皮球。若操作不小心被强酸、强碱溅到皮肤上，应立即用大量自来水冲洗。若被强酸灼伤，用饱和 $NaHCO_3$ 溶液中和；若被碱灼伤，用饱和 H_3BO_3 溶液中和；被氧化剂伤害,用 $Na_2S_2O_3$ 处理。

(9)不使用无标签(或标志)容器盛放的试剂或试样。

(10)实验室内严禁吸烟、饮食,以免误食和吸入有害物质。

(11)实验室内的一切物品,未经本室负责教师批准,严禁带出室外。借物必须办理登记手续。

(12)实验结束,应及时洗涤器皿、整理台面,并检查水电(如水龙头是否关紧,电源插头是否拔下)。值日生处理废物,清扫地面;待老师检查认可后方可离开实验室。

二、生物化学实验的学习方法

(一)基本要求

生物化学实验是采用生物化学的原理和方法探究生命现象化学本质的实验科学。它是生命科学类、植物生产类、环境资源类、动物科学类等各专业重要的专业基础实验课程。通过生物化学实验理论学习、实验技术训练及实验技术的综合应用,可以提高学生的实验技能,培养学生的实验动手能力和创新创造性思维能力,为应用生物化学实验技术手段进行综合性科学研究奠定基础。

要学好生物化学实验,需要科学的学习方法,应做好以下 5 个方面。

(1)充分预习。充分预习是学好生物化学实验的前提和保证。在实验课前应认真预习实验教材,明确实验的目的要求,初步了解实验的原理、方法、操作步骤,写出预习报告,明确实验的研究内容和所要解决的问题。通过课前的充分预习,可以深入地理解实验原理,初步掌握实验操作步骤和关键注意事项,对实验做到心中有数,实验中才能有的放矢,收到成效。

(2)规范操作。规范、认真的操作是培养和提高学生实践动手能力的关键。通过按拟定的操作步骤和计划、方案进行实验操作,可以进一步巩固预习效果,掌握实验技术的操作要点、仪器设备的操作规范等,提高实际动手操作技能。

(3)观察记录。实验环节中对实验现象的仔细观察和对实验数据的及时如实记录是提高实验能力的重要环节。对实验现象的观察和对实验数据的记录是积极思维的过程,是综合实验能力的重要组成方面和科研工作者的基本素质之一。

(4)归纳分析。对实验数据的归纳和对实验结果的综合分析解读是学好生物化学实验的根本。生物化学实验教学的最终目的在于提高学生的创新思维、创造能力。通过对实验现象与结果的整理、归纳、分析,将实验原理、实验操作、实验结果等融会贯通,极大提高学生分析问题、解决问题的能力。

(5)实验报告。实验报告是将对实验的感性认知提高到理性认识的有效载体。

按时按质按量地完成实验报告是对实验过程的总结和再思考，是综合实验能力培养的重要方式。

(二)实验记录

实验记录指的是在实验室中进行科学研究的过程中，通过采用实验、观察、调查或资料分析等方法，根据研究实际情况直接记录或统计而形成的各种数据、文字、图表、图片、照片、声像等原始资料，是在进行科学实验过程中对所获得的原始资料的直接记录。

(1)实验记录本或记录纸应注意保持完整，不得随意缺页或挖补。

(2)实验记录应用字规范，字迹工整。实验记录时应使用规范科学的专业术语，计量单位应采用国际标准计量单位；对于常用的外文缩写(包括实验试剂的外文缩写)应符合规范，首次出现时必须用中文加以注释。

(3)实验记录必须做到及时、真实、准确、完整，防止漏记和随意涂改。实验过程中的具体操作、实验中观察到的现象、对于异常现象的处理、产生异常现象的可能原因及影响因素的分析等，都应该如实完整记录。实验中配制溶液的过程、加样的体积、使用仪器的类型以及试剂的规格、浓度也应该记录清楚，以便在总结实验时，查找实验失败的原因。另外，对实验时的环境条件(如温度、湿度、光度等)及反应时间等也要认真记录，以便于成为今后实验的参考数据。

(4)记录实验数据时，必须注意使用有效数字。有效数字的取舍应符合实验要求。记录数据时应选取几位有效数字，取决于实验方法与所用仪器的精确程度。如吸光度值应记录为“0.170”，而不能记录为“0.17”。

(5)实验过程中通过计算机、自动记录仪器打印的图表和数据资料等应按顺序粘贴在记录本或记录纸相应位置上，并在相应处注明实验的日期和时间。对于不宜粘贴的，可另行整理装订成册、编号，同时在记录本相应处注明，便于查对。实验图片、照片应粘贴在实验记录的相应位置上，底片、磁盘、声像资料等特殊记录媒体应装在统一制作的资料袋内，编号另存。对于用热敏纸打印的实验记录，须保留其复印件。

(6)对实验记录应及时整理，探究和分析实验中的细节和规律。

(三)实验误差

生物化学实验中，由于分析方法、测量仪器、实验试剂、分析工作者等方面的不同，测量值与真实值之间往往存在一定的差异，也即误差。误差不是错误，在实验操作中，误差是不可避免的，但为了提高实验的准确度，应尽量地减少误差。

1.误差的分类

根据误差产生的原因及性质可将误差分为系统误差与偶然误差两类。

系统误差，又称恒定误差，是由确定原因引起，服从一定函数规律的误差。一般有一定的方向，即测量值总是比真实值大或比真实值小。这种误差通常由以下因素造成：①仪器不准或不灵敏。如滴度管刻度不准、砝码未校正等；②试剂不纯，试剂质量不符合要求；③周围环境的改变，如外界温度、压力、湿度的变化等；④个人的习惯与偏向。如刻度吸管取液读数常偏高或偏低，记录某一信号的时间总是滞后，判定滴定终点的颜色程度各人不同等。因此，可根据仪器的特点、外界条件变化影响的大小、个人的偏向等分别加以校正后予以消除。

偶然误差，又称随机误差，是由不确定原因引起的服从统计规律、具有抵偿性的误差。偶然误差的大小，正负方向不一定，其产生原因一般不详，因而也就无法控制。但在同一精密仪器、同样实验条件下，可发现偶然误差完全服从统计规律。因此，误差与测量的次数有关，而且，随着测量次数的增加，测量结果的算术平均值将更接近于真实值。这种误差的发生完全出于偶然，受到或然率的支配，可以用概率理论来处理。偶然误差的存在，主要是由于通常测量者所注意的只是被认为影响较大的一些因素，其他一些小的影响，不是尚未被发现，就是无法被控制，而这些因素，正是造成随机误差的原因。

实验中常用精密度、准确度来评价实验结果中误差的大小。分析结果的准确度是指测定值与“真实值”相符合的程度。准确度是由系统误差和随机误差所决定的，它反映结果的可靠性。测定值与“真实值”越接近，说明准确度越高。在相同条件下，多次重复测定结果彼此相接近的程度叫精密度。精密度是由随机误差所决定的，它代表方法的稳定性和重现性。因此，提高实验结果的正确性必须减少实验误差。

2.减少系统误差的方法

(1)校正仪器。通过校正仪器可降低由仪器不准确而引起的系统误差。实验前对使用的天平、砝码、容器皿或其他仪器进行预先校正以减少误差。

(2)空白试验。指在不加样品情况下，而按与样品测定完全相同的操作和完全相同的条件下进行分析，得到空白值。空白试验可以消除由于试剂中存在干扰物质所产生的系统误差。将样品分析的结果扣除空白值，可以得到比较准确的结果。

(3)对照实验。用标准样品代替试样，在与样品测定完全相同的操作和完全相同的条件下进行测定以判断反应条件是否合适，仪器是否正常，试剂是否有效等。对照试验是检验方法误差的，所以对照试验是检验系统误差的有效方法。

利用回收率的测定可以评价定量分析方法的准确度。取一定量的标准物质，添加到待测的未知样品中，与待测的未知样品同时做平行测定。通过实际测定值和理论值计算回收率，一般的分析方法，要求回收率在95%～105%。系统误差越大，回收率越低。

3. 减少偶然误差的方法

在消除了系统误差之后，适当增加平行测定次数，取平均值可以减少偶然误差对分析结果造成的影响。

(1)平均取样。动植物新鲜组织可制成匀浆后取样；固体样品要在取样前粉碎、混匀。

(2)多次取样。进行多次平行测定，然后取算术平均值，就可以减少偶然误差。

(四)实验报告

实验结束后，应对实验现象进行解释，整理和总结实验数据，写出实验报告。实验报告要求文字简练、书写整洁，要体现原始性、纪实性、实验性的特征，要把实验中所有原始数据和要观察的实验现象如实记录，作为今后参考的依据。

实验报告的形式可参照下列格式：

实验(编号)　　　　　　　　实验名称

一、实验目的

二、实验基本原理

三、实验简要操作步骤与注意事项

　1. 实验简要步骤

　2. 注意事项

四、实验现象与结果

五、实验结果分析与讨论

六、思考题

在实验报告中，目的、原理以及操作步骤部分应简单扼要的叙述。其中，“实验目的”主要指实验预期应达到的教学要求；“实验基本原理”应简明地阐述实验的理论指导和实验采用的方法；“实验简要操作步骤”不能完全照抄实验指导书，应注意有所侧重，重点难点突出：对实验操作中的关键步骤和环节必须详细描述，其他实验步骤可简明扼要地写出，指明操作、分析的要点，也可采用工艺流程图、反应式或以表格的形式按照先后顺序表示。实验步骤一定要写得准确明白，以便他人能够重复验证。“注意事项”往往是事关实验成败的关键性要点，必须认真梳理总结，描述清楚。

对于“实验现象与结果”部分，应根据实验的要求如实记录实验过程中测得的各项原始数据、观察到的各种实验现象。

“实验结果分析与讨论”主要涵盖对实验数据的整理和归纳、对实验现象的分析和解读、对实验结果的讨论与思考等，应尽量总结成各类图表，如对原始数据及其处理的表格、制作的标准曲线图、实验组与对照组实验结果对比图表。此外，该部分还可以包括：①对实验获得的正常结果和过程中出现的异常现象的探讨；②对实验设计、实验方法的体会、认识以及提出的合理的改进性意见；③教师提出的探究性问题的解答、探讨和思索；④对实验技术所基于的原理的深入理解和思考；⑤对实验所涉及的基本技术和技能训练的心得体会。

第一单元　基础性实验

生物化学基础性实验的任务目标是培养学生掌握生物化学实验的基本方法和技能，培养学生具备基本的科学素质，帮助学生掌握从感性到理性的科学思维方法，培养学生初步具备运用生物化学实验的基础知识、基础方法和基础技能进行科学研究的能力。

本单元不仅精选了糖类化学、脂质化学、蛋白质化学、酶学、核酸化学、新陈代谢等方面的经典实验方法和技术，还适当涵盖了现代生物化学实验的新方法和新技术，既有助于培养学生对生物化学实验核心概念的理解和运用能力，又重点突出和强调对学生进行生物化学实验基础知识、基础方法、基础技能的训练与实践，以塑造学生良好的生物化学实验习惯和实验能力，帮助学生掌握今后从事科学研究和生产实践必备的生物化学实验知识和技能。

实验一　还原糖的测定
——3,5-二硝基水杨酸比色法

一、实验目的

1. 掌握蔬菜、水果等样品中还原糖的提取原理及操作方法。

2. 掌握3,5-二硝基水杨酸(DNS)比色法测定还原糖的原理及方法,会使用该方法进行植物或果蔬等材料中还原糖的测定。

3. 熟悉721或722 S型分光光度计的工作原理及使用方法。

二、实验原理

还原糖的测定是糖定量测定的基本方法。还原糖是指含有自由醛基或酮基的糖类。在碱性条件下,3,5-二硝基水杨酸(DNS)与还原糖共热后被还原成棕红色的3-氨基-5-硝基水杨酸,反应式如下:

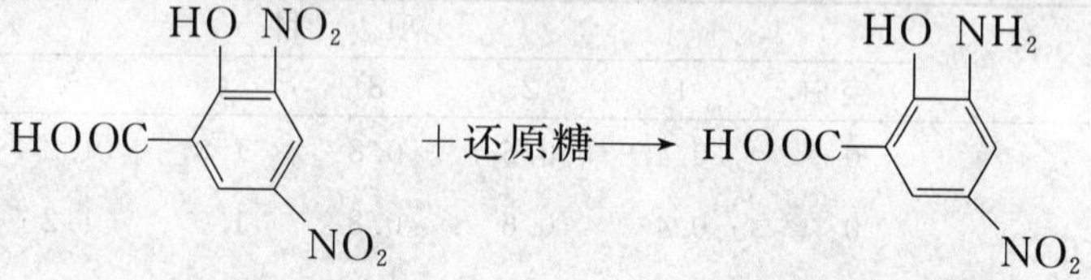

(DNS)　黄色　　　　(3-氨基-5-硝基水杨酸)　棕红色

在一定的浓度范围内,还原糖含量与生成的3-氨基-5-硝基水杨酸的光吸收(OD)值呈线性关系,因此可利用比色法测定样品中还原糖的含量。

该方法操作简便、快速,杂质干扰较少。

三、实验用品

1. 材料

青菜叶、苹果或其他蔬果。

2. 器材

721或722 S型分光光度计,电热恒温水浴锅,大试管和大试管架,容量瓶

(100 mL、1 000 mL),移液管和移液管架,玻璃漏斗,研钵,纱布,滤纸等。

3. 试剂

(1)3,5-二硝基水杨酸(DNS)试剂。6.3 g DNS 和 262 mL 2 mol·L^{-1} NaOH,加到 500 mL 含有 182 g 酒石酸钾钠的热水溶液中,再加 5 g 重蒸酚和 5 g 亚硫酸钠,搅拌溶液,冷却后加水定容至 1 000 mL,贮于棕色瓶中,备用。

(2)0.1%葡萄糖标准液。准确称取 100 mg 分析纯的葡萄糖(预先在 105℃干燥至恒温),用少量蒸馏水溶解后定容至 100 mL,置于冰箱保存,备用。

四、操作步骤

1. 样品中还原糖的提取

称取青菜叶 5 g 或苹果 0.5 g(去皮),加石英砂少许于研钵中研磨,加 30 mL 蒸馏水洗研钵并移至大试管,放入 50℃恒温水浴锅中保温 30 min。保温完毕先用纱布过滤,再用滤纸过滤,移入 100 mL 容量瓶,蒸馏水定容备用。

2. 葡萄糖标准曲线的制作

取 7 支大试管,分别按表 1-1 顺序加入各种试剂。

表 1-1 葡萄糖标准曲线制作

试剂	项目						
	空白	1	2	3	4	5	6
含糖总量/mg	0	0.4	0.6	0.8	1.0	1.2	1.4
葡萄糖液/mL	0	0.4	0.6	0.8	1.0	1.2	1.4
水/mL	2.0	1.6	1.4	1.2	1.0	0.8	0.6
DNS 试剂/mL	1.5	1.5	1.5	1.5	1.5	1.5	1.5
加热	均在沸水浴中加热 5 min						
冷却	立即用流动冷水冷却						
蒸馏水/mL	21.5	21.5	21.5	21.5	21.5	21.5	21.5
光密度/$OD_{520\ nm}$							

将以上各管溶液混匀后,在 721 或 722 S 型分光光度计(520 nm)进行比色测定,用空白管溶液调零点,记录光密度(OD)值。以葡萄糖质量为横坐标,光密度($OD_{520\ nm}$)值为纵坐标,绘制出葡萄糖标准曲线。

3. 样品中含糖量的测定

取 4 支大试管,分别按表 1-2 加入各种试剂。

表 1-2　样品中还原糖测定时各试剂用量

项　目	空白	还原糖		
		1	2	3
样品量/mL	0	1.0	1.0	1.0
蒸馏水/mL	2.0	1.0	1.0	1.0
DNS 试剂/mL	1.5	1.5	1.5	1.5
加热	均在沸水浴中加热 5 min			
冷却	立即用流动冷水冷却			
蒸馏水/mL	21.5	21.5	21.5	21.5
光密度/$OD_{520\ nm}$				

将以上各管混匀后，按制作标准曲线时同样的操作测定各管的光密度($OD_{520\ nm}$)值。根据标准曲线查出相应的还原糖含量，并按下列公式计算出青菜叶或苹果内还原糖的百分含量。

$$样品的还原糖含量=\frac{还原糖毫克数\times 样品稀释倍数}{样品重量}\times 100\%$$

五、注意事项

(1)实验为定量分析实验，要求所有试管必须清洗干净，各种试剂加入准确，操作过程中尽量仔细。

(2)标准曲线制作与样品测定应同时进行显色，并使用同一空白进行调零和比色测定。

(3)分光光度计使用前应预热 30 min。

六、思考题

1. 写出 3,5-二硝基水杨酸(DNS)的化学结构式。
2. 用分光光度计比色测定时为什么要设空白管？
3. 试分析该实验中如何减少实验误差，提高测量的准确度。
4. 查阅文献，分析还原糖测定过程中的干扰物质有哪些，如何除去。

实验二　总糖的测定
——蒽酮比色定糖法

一、实验目的

学习蒽酮比色法测定植物中糖含量的原理和方法。

二、实验原理

蒽酮比色法是一个快速而简便的定糖方法。在浓硫酸作用下，戊糖和己糖经脱水反应分别生成糠醛或羟甲基糠醛，糠醛或羟甲基糠醛能与蒽酮反应生成蓝绿色糠醛衍生物，该蓝绿色衍生物在可见光波段的最大吸收波长为620 nm。在一定范围内，所得产物颜色的深浅与糠醛的含量成正比，即与初始反应中糖的含量成正比。因此，这一特征反应可用于糖的定量测定。该法适于微量测定，灵敏度较高，所需试剂简单，操作较简便，因而得到普遍采用。

蒽酮比色法几乎可以测定所有糖类，不但可以测定戊糖、己糖等常见单糖，还可以测定寡糖和多糖，如淀粉、纤维素等(浓硫酸可以先把多糖水解成单糖，然后单糖脱水生成相应的糠醛)。采用蒽酮法测得的待测试样中的糖含量，实际上是样品中全部可溶性糖的总量，在没有必要详细区分各种糖类的情况下，用蒽酮法可以一次测出糖总量，简化了测量操作，因此，在实际中有特殊的应用价值。但在测定水溶性碳水化合物时，则应注意切勿将样品的未溶解残渣带入反应液中，因为细胞壁中的纤维素、半纤维素等与蒽酮试剂发生反应，增加了测量误差。此外，不同的糖类与蒽酮试剂的显色深度不同，六碳糖中，果糖显色最深，葡萄糖次之，半乳糖、甘露糖较浅；五碳糖显色比六碳糖更浅。故测定多种糖类的混合物时，常因不同糖类的显色深浅不同而造成误差。

三、实验用品

1. 材料

菜叶或者植物块茎。

2. 器材

电子天平，恒温水浴锅，722S 型分光光度计，250 mL 容量瓶，漏斗，大试管与试管架,刻度吸管。

3. 试剂

(1)蒽酮试剂。取 0.2 g 蒽酮溶于 100 mL 80%(V/V)硫酸中,配制当日使用。

(2)葡萄糖标准溶液(0.1 mg·mL^{-1},可滴加几滴甲苯作防腐剂)。

四、操作步骤

1. 标准曲线的制作

取洁净试管 6 支,分别编号 1~6,依次加入葡萄糖标准溶液(0.1 mg·mL^{-1})0、0.1、0.2、0.3、0.4、0.5 mL,再用蒸馏水将各管体积补足到 1 mL,每支试管均添加 4 mL 蒽酮试剂(冷水浴中加样更好)。混匀后将 6 支试管同时放入沸水浴加热 10 min,取出后室温水浴快速降温,室温放置 10 min,用 1 号试管溶液对 722S 型分光光度计调零,分别比色测定其余 5 支试管溶液 $OD_{620\ nm}$。以葡萄糖标准溶液浓度为横坐标,吸光度为纵坐标,制作标准曲线。

2. 样品含糖量的测定

(1)准确称取菜叶(包菜和白菜两个样)1.00 g,剪碎研细后,放入大试管,加入 25 mL 蒸馏水,沸水浴加热 10 min,冷却后用漏斗将滤液滤入 250 mL 容量瓶中(可以抽滤),并用煮沸蒸馏水提取两次,再用蒸馏水冲洗滤纸上的残渣两次,所有滤液并入容量瓶,冷却至室温后定容。

(2)取 1.0 mL(若样品含糖量过大,此处应适当稀释后再进行糖浓度测定)待测滤液于 3 支干洁试管中,各管分别加蒽酮试剂 4.0 mL,摇匀后于沸水浴中加热 10 min,取出后用室温水浴快速冷却至室温,以标准曲线制作中的 1 号管作为对照,用 722S 型分光光度计测定待测样品在 620 nm 处的吸光值。

计算 3 支试管中待测液吸光值的平均值,对照标准曲线,计算待测试管中的糖浓度。

$$样品糖含量(mg \cdot g^{-1}) = V \times C / W$$

式中,V 为样品滤液稀释后的体积;C 为标准曲线计算出的糖浓度;W 为样品的质量。

五、注意事项

(1)当分析淀粉含量多的样品时(如马铃薯块茎),可将残渣放在 80℃烘箱中烘干,以备测定淀粉和纤维素用。

(2)蒽酮试剂需现用现配,且在加入蒽酮试剂的时候,若蒽酮沿着粘有水的试管壁流下,会导致蒽酮试剂被稀释,操作中便会出现浑浊现象。

六、思考题

1. 蒽酮比色定糖法的原理是什么?

2. 试比较与分析蒽酮比色定糖法和其他定糖方法的优劣。

3. 列举水果中糖的提取方法。

实验三　血糖的测定
——邻甲苯胺法

一、实验目的

学习和理解血糖的概念，了解血糖测定的意义；掌握邻甲苯胺法测定血糖的原理，学习绘制标准曲线。

二、实验原理

血糖指血液中的葡萄糖，其主要来源为食物；另外，肝内储存的糖原分解、脂肪和蛋白质的转化同样可以作为血糖的来源。人体一般空腹血糖的正常值范围为：全血 3.9～6.1 $mmol \cdot L^{-1}$，血浆 3.9～6.9 $mmol \cdot L^{-1}$。糖尿病的诊断标准为空腹血糖检测值超过上述上限值(不同来源的血上限值不同)。低血糖指成年人血糖低于 2.8 $mmol \cdot L^{-1}$，糖尿病患者的血糖低于 3.9 $mmol \cdot L^{-1}$ 即可诊断为低血糖。血糖水平保持稳定既是糖、脂肪、氨基酸代谢协调的结果，也是肝、肌肉、脂肪组织等各器官组织代谢协调的结果，对维持机体的正常生理功能有重要意义。胰岛是体内调节血糖浓度的主要器官，此外，血糖浓度还受神经、内分泌激素的调节。

血样中的葡萄糖在热的强酸溶液中，可脱水生成 5-羟甲基-2-呋喃甲醛(羟甲基糠醛)，羟甲基糠醛与邻甲苯胺缩合成蓝色的醛亚胺(Schiff 氏碱)，该蓝色化合物的最大吸收峰在 630 nm 处，且反应产物颜色深浅与葡萄糖含量成正比，可进行比色定量测定。其反应式如下：

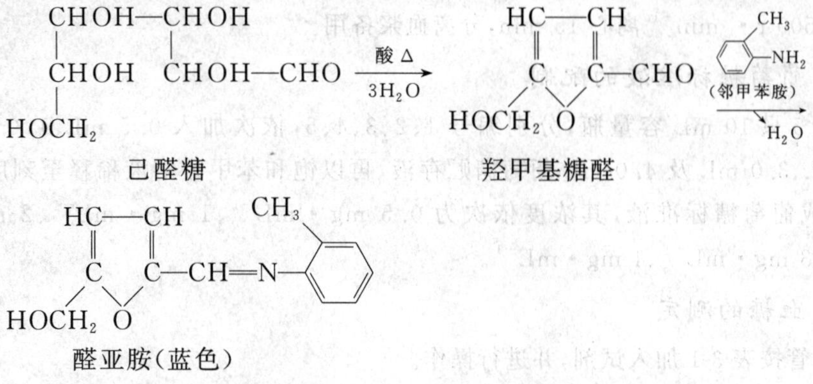

由于邻甲苯胺只与醛糖发生显色反应，血糖中的醛糖是葡萄糖，所以该检测方法不受血液中其他还原性物质的干扰，测定时也无须去除血浆或血清中的蛋白质。此法测出的血糖接近真实的葡萄糖含量。应用邻甲苯胺法测定血糖具有良好的重复性、较高的准确度和干扰因素小等特点，是一种较好的方法。

三、实验用品

1. 材料

新鲜血液样品(抗凝)。

2. 器材

试管及试管架，刻度吸管，容量瓶，分光光度计，恒温水浴锅。

3. 试剂

(1)饱和苯甲酸溶液。称取苯甲酸 2.5 g，加入蒸馏水 1 000 mL，煮沸使之完全溶解，冷却后置于试剂瓶中备用。

(2)葡萄糖贮存液($10.0\ mg \cdot mL^{-1}$)。称取葡萄糖 1.0 g，以饱和苯甲酸溶液定容至 100 mL，2 h 以后方可使用，置冰箱中可长期保存。

(3)邻甲苯胺试剂。称取硫脲(A. R.)2.5 g 溶于 750 mL 中冰乙酸(A. R)，溶解后将溶液移入 1 000 mL 容量瓶内，加邻甲苯胺 150 mL、2.4% 硼酸溶液 100 mL，用冰乙酸定容。此溶液置于棕色试剂瓶内室温保存，可在 2 个月之内使用。新配制试剂应放置 24 h 后才能使用，否则反应产物的吸光度低。

四、操作步骤

1. 新鲜抗凝全血样品

$2\ 500\ r \cdot min^{-1}$ 离心 15 min，分离血浆备用。

2. 葡萄糖标准液的配制

取 5 只 10 mL 容量瓶，分别编号 1、2、3、4、5，依次加入 0.5 mL、1.0 mL、2.0 mL、3.0 mL 及 4.0 mL 葡萄糖贮存液，再以饱和苯甲酸溶液稀释至刻度，混匀，即成葡萄糖标准液，其浓度依次为 $0.5\ mg \cdot mL^{-1}$、$1\ mg \cdot mL^{-1}$、$2\ mg \cdot mL^{-1}$、$3\ mg \cdot mL^{-1}$、$4\ mg \cdot mL^{-1}$。

3. 血糖的测定

各管按表 3-1 加入试剂，并进行操作。

表 3-1　测定样品中血糖量时各试剂用量

项　目	空白	测定管	标准管				
			1	2	3	4	5
蒸馏水/m	0.1						
葡萄糖标准液/mL			0.1	0.1	0.1	0.1	0.1
血浆/mL		0.1					
邻甲苯胺/mL	5.0	5.0	5.0	5.0	5.0	5.0	5.0
			沸水浴中加热 5 min				
			立即用流动冷水冷却				
光密度/$OD_{630\ nm}$							

以空白管校正吸光度零点，将其余各管在分光光度计上进行比色测定，读取各管溶液在 630 nm 波长处的吸光度。以 1、2、3、4、5 管吸光度作纵坐标，各管葡萄糖浓度作横坐标，绘制标准曲线。根据测定管吸光值，在标准曲线上查出待测样品相应的血糖浓度。

五、注意事项

(1)测定液的呈色强度与邻甲苯胺的批号、邻甲苯胺试剂的新鲜程度(如试剂配制后过久，呈色变浅)，以及加热温度和加热时间等有关。

(2)最终反应液偶尔会产生混浊，最常见原因是血脂的影响。可向显色液中加入 1.5 mL 异丙醇，充分混匀使脂质溶解，所测吸光度乘以 1.5。

六、思考题

1. 试说明血糖测定的临床意义及其应用。
2. 血糖比色测定过程中为什么立即用流动冷水冷却？

实验四　粗脂肪的提取与含量测定
——索氏抽提法

一、实验目的

学习和理解脂肪的概念，了解并掌握索氏抽提法测定粗脂肪含量的原理和操作方法。

二、实验原理

脂肪广泛存在于许多植物的种子和果实中，测定脂肪的含量，可作为鉴别其品质的一个指标。脂肪含量的测定有多种方法，如抽提法、酸水解法、比重法、折射法和核磁共振法等。目前普遍采用抽提法，其中索氏抽提法（Soxhlet extractor method）是公认的经典方法，也是我国粮油分析首选的标准方法。

粗脂肪是指包括脂肪、游离脂酸、蜡、磷脂、固醇及色素等脂溶性物质的总称。它不溶于水，而溶于有机溶剂，如乙醚、石油醚、苯及氯仿等。本实验采用索氏抽提法中的残余法，即用低沸点有机溶剂（乙醚或石油醚）回流抽提，除去样品中的粗脂肪，根据样品与残渣重量之差，计算粗脂肪含量。用该法测定样品含脂量时，通常采用沸点低于60℃的有机溶剂作为脂肪溶剂。此时，样品中结合状态的脂类（主要是脂蛋白）不能直接提取出来，所以该法又称为游离脂类定量测定的方法。

由于有机溶剂的抽提物中除脂肪外，还含有游离脂肪酸、甾醇、磷脂、蜡及色素等类脂物质，因而抽提法测定的结果只能是粗脂肪。

三、实验用品

1. 材料

油料作物种子。

2. 器材

索氏提取器（50 mL）（图 4-1）或 YG-Ⅱ型油分测定器，恒温水浴锅，干燥器（直径 15～18 cm，盛变色硅胶），不锈钢镊子（长 20 cm），电热鼓风干燥箱，分析天平，中速滤纸，脱脂棉，培养皿，称量瓶，样品筛（60 目）。

图 4-1　索氏提取器

3. 试剂

无水乙醚或石油醚(30～60℃)。

四、操作步骤

1. 样品的准备

称取样品的重量根据分析材料中脂肪的含量而定(表 4-1)。通常脂肪含量在10%以下的称取样品 10～20 g。脂肪含量为 50%～60%的,则称取样品 2～4 g。

表 4-1　几种干的植物种子和种仁中油脂的百分含量

样　品	含油量/%	样　品	含油量/%
向日葵种子	23.5～45.0	大豆种子	10.0～25.0
向日葵种仁	40.0～67.8	油桐种子	47.8～68.9
荨麻种子	45.1～58.5	玉米谷粒	3.0～9.0
荨麻种仁	50.7～72.0	小麦谷粒	1.6～2.6
芝麻种子	46.2～61.0	稻子谷粒	1.3～2.4
油菜种子	41.1～42.9	豌豆种子	0.7～1.9
花生种仁	40.2～60.7		

样品颗粒不宜太大，一般要在研钵中研碎样品。研磨后的研钵，要用脱脂棉擦干净，并将此脱脂棉放入提取纸包中一并提取。研钵再用少量溶剂洗净，洗涤液倒入提取管中。

样品若是液体，应将一定体积的样品滴在滤纸上，在60～80℃烘箱内烘干后，再装入提取管中提取。

2. 滤纸预处理

将滤纸切成8 cm×8 cm大小，叠成一边不封口的纸包，铅笔编号，按顺序排列在培养皿中。将盛有滤纸包的培养皿移入(105±2)℃烘箱中干燥2 h，取出放入干燥器中冷却至室温，按顺序将各滤纸包分别放入同一称量瓶中称重(记作a)。称重时室内相对湿度必须低于70%。

3. 包装和干燥

在上述已称重的滤纸包中装入研细的样品，封口，放入(105±2)℃烘箱中干燥3 h，取出放入干燥器中冷却至室温。按顺序将各滤纸包依次放入称量瓶中称重(记作b)。

4. 抽提(以石油醚为例)

用镊子将装有样品的滤纸包放入提取管中，注入一次虹吸量的1.67倍的石油醚，使样品包完全浸没。将提取器各部分连接好如图4-1所示，接通冷凝水，在恒温水浴中进行抽提，调节水温在70～80℃，使冷凝下滴的石油醚成连珠状(120～150滴·min^{-1}或回流7次·h^{-1}以上)，抽提至提取管中的石油醚用滤纸点滴检查无油迹为止，表示已经提取完全(需6～12 h)。抽提完毕后，用镊子取出滤纸包，在通风处使石油醚挥发(抽提室温以12～25℃为宜)。提取瓶中石油醚另行回收。

5. 称重

待石油醚挥发之后，将滤纸包置于(105±2)℃烘箱中干燥2 h，取出放入干燥器中冷却至恒重，称重，记作c。

6. 计算

按下式计算粗脂肪含量：

$$粗脂肪含量=\frac{b-c}{b-a}\times 100\%$$

式中：a为滤纸包的重量，单位为g；b为滤纸包和烘干样的重量，单位为g；c为滤纸包和抽提后烘干残渣的重量，单位为g。

五、注意事项

(1)样品粗细要适宜。样品粉末过粗,脂肪不易抽提干净;样品粉末过细,则可能透过滤纸孔隙随回流溶剂流失,影响测定结果。

(2)测定用样品、抽提器、抽提用有机溶剂都要进行脱水处理,若抽提体系中有水,会使样品中的水溶性物质溶出,导致测定结果偏高;抽提溶剂易被水饱和,影响抽提效率;样品中有水,抽提溶剂不易渗入细胞组织内部,不易将脂肪抽提干净。

(3)索氏抽提法测定粗脂肪含量不足之处是耗时过长,如将样品先回流 1～2 次,然后浸泡过夜,次日再继续抽提,可明显缩短抽提时间。

(4)YG-Ⅱ型油分测定器容量大,适合样品较多的选种鉴定工作使用,温度控制在 70℃左右,8 h 可提取完毕。

(5)抽提若使用无水乙醚,注意安全使用,严禁明火存在或用明火加热,乙醚中不得含有过氧化物,室内保持良好通风,以防燃爆。乙醚中过氧化物的检查方法:取 6 mL 乙醚于试管中,加 2 mL 10%碘化钾溶液,用力摇动,放置 1 min,下层碘化钾呈黄色即表明存在过氧化物,含过氧化物的无水乙醚进行处理后方可使用。处理方法如下:将乙醚置于分液漏斗,先以 1/5 乙醚量的稀 KOH 溶液洗涤 2～3 次以除去乙醇;再用盐酸酸化,加入 1/5 乙醚量的 $FeSO_4$ 或 Na_2SO_3 溶液,振摇,静置,分层后弃去下层水溶液,以除去过氧化物;最后用水洗至中性,用无水 $CaCl_2$ 或无水 Na_2SO_4 脱水,并进行重蒸馏。

六、思考题

1. 如何利用残余法测定油料作物种子中的粗脂肪含量?

2. 索氏抽提法测定粗脂肪含量有哪些脂肪溶剂可以选择?

3. 待测样品粒子粗细有何要求?

4. 为什么测定用样品、抽提器、抽提用有机溶剂都要进行脱水处理?

实验五 血清总胆固醇的测定
——邻苯二甲醛法

一、实验目的

学习和理解胆固醇的概念，了解并掌握邻苯二甲醛比色法测定血清总胆固醇的原理和方法。

二、实验原理

胆固醇是环戊烷多氢菲的衍生物，它不仅参与血浆蛋白的组成，而且也是细胞的必要结构成分，还可以转化成胆汁酸盐、肾上腺皮质激素、性激素和维生素D等。血清胆固醇增高常见于动脉粥样硬化、原发性高脂血症、糖尿病、肾病综合征、胆管阻塞和甲状腺功能减退。血清胆固醇降低则常见于严重贫血、甲亢和长期营养不良等。其血清浓度可作为脂代谢的指标，临床上将血总胆固醇增高称为高胆固醇血症。胆固醇在体内以游离胆固醇及胆固醇酯两种形式存在，统称总胆固醇。

总胆固醇的测定有化学比色法和酶学等方法。胆固醇及其酯在硫酸作用下与邻苯二甲醛产生紫红色物质，该物质在550 nm波长处有最大吸收，因此可用比色法定量测定总胆固醇。胆固醇含量在400 mg/100 mL以内时，与光吸收值呈良好线性关系。

本法不必离心，颜色产物也比较稳定，胆红素及一般溶血对结果影响不大，严重溶血者才使结果偏高。本法在20～37℃条件下显色，显色后5 min开始至30 min以上颜色基本稳定。若温度过低，显色剂强度减弱；加混合酸后振摇过激能使产热过高，也可使显色减弱。

三、实验用品

1. 材料

0.1 mL人血清以冰乙酸稀释至4.00 mL。

2. 器材

试管，移液管，容量瓶，量筒，分光光度计，分析天平。

3. 试剂

(1)邻苯二甲醛试剂。称取邻苯二甲醛 50 mg,以无水乙醇溶至 50 mL 冷藏,有效期为 45 d。

(2)混合酸。冰乙酸 100 mL 与浓硫酸 100 mL 混合。

(3)标准胆固醇贮存液($1\ mg \cdot mL^{-1}$)。准确称取胆固醇 100 mg,以冰乙酸溶至 100 mL。

(4)标准胆固醇工作液($0.1\ mg \cdot mL^{-1}$)。将上述贮存液以冰乙酸稀释 10 倍,即取 10 mL 标准胆固醇贮存液用冰乙酸稀释至 100 mL。

四、操作步骤

1. 制作标准曲线

取 7 支试管编号后,按表 5-1 顺序加入试剂。

表 5-1　胆固醇标准曲线制作

试剂	管号						
	0	1	2	3	4	5	6
标准胆固醇工作液/mL	0	0.05	0.10	0.15	0.20	0.25	0.30
冰乙酸/mL	0.40	0.35	0.30	0.25	0.20	0.15	0.10
邻苯二甲醛试剂/mL	0.20	0.20	0.20	0.20	0.20	0.20	0.20
混合酸/mL	4.00	4.00	4.00	4.00	4.00	4.00	4.00
相当于未知血清中总胆固醇量/mg%	0	50	100	150	200	250	300
	加毕,温和混匀,20～37℃下静置 10 min						
$OD_{550\ nm}$							

加毕试剂后,温和混匀,于 20～37℃下静置 10 min,在 550 nm 波长处测定光吸收值。以总胆固醇量(mg%)为横坐标,550 nm 处光吸收值为纵坐标作出标准曲线。

2. 样品测定

取 3 支试管编号后,按照表 5-2 分别加入试剂,与标准曲线同时作比色测定。

加毕试剂后,温和混匀,于 20～37℃下静置 10 min,在 550 nm 波长处测定光吸收值,从标准曲线查出样品中总胆固醇的含量。

表 5-2 样品测定时各试剂用量

试剂	管号		
	空白对照	1	2
稀释的未知血清样品/mL	0	0.40	0.40
邻苯二甲醛试剂/mL	0.20	0.20	0.20
冰乙酸/mL	0.40	0	0
混合酸/mL	4.00	4.00	4.00
	加毕,温和混匀,20～37℃下静置 10 min		
$OD_{550\ nm}$			

五、注意事项

(1)混合酸黏度大,颜色易分层,比色前要混匀。

(2)混合酸配制时,须将浓硫酸加入冰乙酸中,次序不要颠倒。

六、思考题

1.本实验操作中需要注意些什么?为什么?

2.脂类难溶于水,将它们均匀分散在水中则形成乳浊液,为什么正常人血浆或血清中含有脂类虽多,但却清澈透明?

实验六　脂肪碘值的测定
——氯化碘加成法

一、实验目的

了解碘值测定的意义；掌握氯化碘加成法（又称韦氏加成法）测量脂肪碘值的一般原理和操作方法。

二、实验原理

碘值是表示有机化合物中不饱和程度的一种指标，指 100 g 物质中所能吸收（加成）碘的克数。碘值是鉴别脂肪的一个重要常数，可以判断和衡量脂肪所含脂肪酸的不饱和程度，即脂肪酸碳链上含有不饱和键的多少。

脂肪中常含有不饱和脂肪酸，不饱和脂肪酸具有双键，其能够与卤素起加成作用而吸收卤素。不饱和键越多，加成的卤素量也越多。由于氟和氯与油脂作用剧烈，除能起加成作用外还能取代氢原子，而碘在一定条件下主要是与双键起加成作用，故用碘与脂肪中不饱和脂肪酸的双键起加成作用。脂肪的不饱和程度越高，不饱和键越多，加成的碘量也越多，碘值就越高，故可用碘值表示脂肪的不饱和度。

由于碘与不饱和脂肪酸中双键的加成作用相对较慢，所以实验测定时常用氯化碘（ICl）或溴化碘（IBr）代替碘，其中的氯原子或溴原子能使碘活化。

脂肪（油脂）碘值的测定是将被测试样完全溶解于有机溶剂中，加入过量韦氏（Wijs）试剂与油脂中的不饱和脂肪酸起加成反应，生成饱和的卤素衍生物，加入定量碘化钾（KI）溶液与剩余的氯化碘作用而生成游离碘，用硫代硫酸钠标准溶液滴定析出的游离碘。其反应过程可用如下化学式表示：

(1)加成反应。

$$\cdots-CH=CH-\cdots+ICl\longrightarrow\cdots-\underset{\displaystyle I}{\underset{|}{CH}}-\underset{\displaystyle Cl}{\underset{|}{CH}}-\cdots$$

(2)碘的还原反应。

$$KI+ICl\longrightarrow I_2+KCl$$

(3)硫代硫酸钠滴定反应。

$$I_2 + 2Na_2S_2O_3 \longrightarrow 2NaI + Na_2S_4O_6$$

同时做空白试验。通过试样与空白消耗硫代硫酸钠标准溶液之差，计算出被测样品所吸收的氯化碘(以碘计)的克数，求出碘值。

三、实验用品

1. 材料

猪油或花生油。

2. 器材

电子分析天平，普通电子天平，碘量瓶或具塞锥形瓶(500 mL)，移液管(20 mL，25 mL)，碱式滴定管(50 mL)，滴瓶(50 mL)，棕色试剂瓶(1 000 mL)，量筒。

3. 试剂

(1)试样溶剂。将环己烷与冰乙酸等体积混合。

(2)韦氏(Wijs)试剂。含氯化碘的乙酸溶液，控制韦氏(Wijs)试剂中 I/Cl 之比在 1.10±0.1 范围。将 16.5 g 氯化碘溶于 1 000 mL 冰乙酸中，转入棕色试剂瓶避光保存，备用。韦氏(Wijs)试剂常因冰乙酸中含有还原性物质而影响其使用效果，因此为保证实验准确性，可采用市售韦氏(Wijs)试剂。

(3)碘化钾(KI)溶液。100 g/L，称取 20 g KI 溶解于 80 g 蒸馏水中。

(4)淀粉溶液。取 5 g 可溶性淀粉于 30 mL 蒸馏水中混匀，加入 1 000 mL 沸水，并继续煮沸 3 min，冷却备用。

(5)0.1 $mol \cdot L^{-1}$ 硫代硫酸钠标准溶液。称取 26 g 硫代硫酸钠($Na_2S_2O_3 \cdot 5H_2O$)或 16 g 无水硫代硫酸钠，加入 0.2 g 无水碳酸钠，溶于 1 000 mL 蒸馏水中，缓缓煮沸 10 min，冷却，放置 2 周后过滤。再根据 GBT 601—2002《化学试剂、标准滴定溶液的制备》采用重铬酸钾法标定，标定后 7 d 内使用。

四、操作步骤

(1)准确称取 0.15～0.20 g 试样(猪油或花生油)3 份，分别置于干燥恒重的碘量瓶内，向每份试样中加入 20 mL 溶剂，轻轻摇动使试样充分溶解。

(2)用移液管准确加入 25 mL 韦氏(Wijs)试剂，盖好塞子，轻轻摇匀后将碘量瓶置于暗处，反应 1 h。

(3)按照以上操作，仅不加试样，作空白溶液。

(4)反应结束后，向各碘量瓶中分别准确加入 20 mL 碘化钾溶液和 150 mL 蒸馏水，用标定过的硫代硫酸钠标准溶液滴定，至碘的黄色接近消失，再加入几滴淀粉溶液继续滴定，一边滴定一边快速、用力振荡碘量瓶，直到蓝色刚好消失，记录消耗的硫代硫酸钠标准溶液体积。

(5)按照以上操作，同时做空白溶液的滴定，记录消耗硫代硫酸钠标准溶液体积。

(6)根据滴定过程中消耗硫代硫酸钠标准溶液的量，通过以下公式可计算出脂肪(油脂)的碘值(W_1)：

$$W_1=\frac{12.69\times c\times(V_1-V_2)}{m}$$

式中：W_1 为试样的碘值，用每 100 g 样品吸收碘的克数表示，单位为 g/100 g；c 为硫代硫酸钠标准溶液的浓度，单位为 mol・L^{-1}；V_1 为空白溶液消耗硫代硫酸钠标准溶液的体积，单位为 mL；V_2 为样品溶液消耗硫代硫酸钠标准溶液的体积，单位为 mL；m 为试样的质量，单位为 g。

3 份试样的碘值取平均值，保留 1 位小数。

五、注意事项

(1)碘量瓶必须干燥、清洁并烘至恒重，否则反应不完全，影响实验结果的准确性。

(2)称取样品时注意不要将试样沾在瓶口或瓶壁，要保证试样与溶剂充分接触，完全溶解。

(3)试样经溶解加入韦氏(Wijs)试剂后，对于碘值低于 150 的试样，碘量瓶应在暗处放置 1 h；碘值高于 150 的，已发生聚合的，含有共轭脂肪酸的(如桐油、脱水蓖麻油)，含有任何一种酮类脂肪酸(如不同程度的氢化蓖麻油)的，以及氧化到相当程度的试样，应置于暗处反应 2 h。

(4)滴定接近终点时，应特别注意快速、用力振荡碘量瓶，使滴定终点判断准确。

六、思考题

1. 结合生活(健康)与生产，分析碘值测定有何意义。

2. 查阅相关资料，说明常见液体油和固体脂碘值间有何特点。

3. 试说明韦氏加成法测定脂肪碘值的原理及操作方法。

4. 滴定过程中，淀粉溶液为何不能过早加入？

5. 滴定完毕放置一定时间后，溶液应返回蓝色，否则表示滴定过量，为什么？

实验七　氨基酸的分离鉴定
——纸层析法

一、实验目的

掌握纸层析法的一般原理和操作方法，并用以分离鉴定游离氨基酸组分；了解氨基酸的特征性颜色反应。

二、实验原理

纸层析法是分配层析法的一种，常以滤纸作为惰性支持物。纸层析是分离、鉴定和定量测定微量氨基酸的简易、有效的方法。

纸层析的原理主要是根据被分析的样品在两相溶剂系统中的分配系数不同，在纸上移动的速率也不同，从而达到分离的目的。纸层析所用展层溶剂由水和有机溶剂组成。水和有机溶剂互溶后形成两个相：一是饱和了有机溶剂的水相，另一是饱和了水的有机溶剂相。滤纸纤维上的羟基具有亲水性，吸附一层水相作为固定相；有机溶剂相为流动相。当有机溶剂（流动相）沿纸流动经过层析点时，样品中的各种氨基酸就在水相和有机相之间不断进行分配。由于物质的极性大小不同，在两相中的分配系数不同。极性大的物质在水相中分配较多，移动相对较慢；极性小的物质在有机相中分配较多，随有机相移动较快，从而将极性不同的物质分开，形成距原点不同的层析点。

$$分配系数=\frac{溶质在固定相中的浓度}{溶质在流动相中的浓度}$$

物质被分离后在纸层析图谱上的位置可用 R_f（比移）值来表示：

$$R_f=\frac{样品原点到斑点中心的距离}{样品原点到溶剂前沿的距离}$$

在一定的条件下测得某种物质的 R_f 值是常数。R_f 值的大小与物质的结构、性质、溶剂系统、层析纸的质量、层析温度和展层方向（横向，上行或下行）等因素有关。

用纸层析鉴定样品时，一般都与标准品相比较。若没有标准品，可选择文献记载的该物质层析条件，根据文献 R_f 值进行鉴定。

氨基酸无色,利用茚三酮反应,可将氨基酸层析点显色作定性、定量鉴定。

三、实验用品

1.材料

氨基酸,滤纸。

2.器材

层析缸,烘箱,培养皿,毛细管,针,线,剪刀,铅笔。

3.试剂

(1)展层剂和平衡液。正丁醇∶冰醋酸∶水=4∶1∶5,充分摇匀,用分液漏斗取上层液作展层剂,下层液作平衡液。

(2)样品液。4种氨基酸(苯丙氨酸、丙氨酸、组氨酸、脯氨酸)分别配制成浓度为4 mg/mL的溶液,以及上述4种氨基酸的混合液(各4 mg·mL^{-1})。苯丙氨酸不易溶解于水,应稍微加热使之溶解。

(3)茚三酮。按展层剂0.25%的比例将茚三酮加入展层剂中,使其溶解。

四、操作步骤

1.纸的处理

取25 cm×15 cm的滤纸一张,离底边2 cm处用铅笔轻轻划一条与底边平行的线,并等距离的在线上定点样点(原点)划圈,使圈的直径小于0.5 cm。

2.点样

在每个圈下用铅笔记上每种氨基酸的代号(混合样可写M),然后用毛细管吸取样品,轻轻地点到相应的氨基酸圈内,待晾干或用冷风吹干后再点第2次。每个样品共点5~7次。

3.饱和

将点好样的滤纸纵向卷起来,点样面向里,点样点位于一端,用针线缝成筒状,不要使滤纸两边接触(图7-1),然后将滤纸筒直立于层析缸中,划线点样端向下。滤纸筒放在培养皿周围(培养皿中预先放入平衡液)饱和1 h。

4.层析

把饱和过的滤纸筒转移到另一层析缸中的培养皿内(培养皿中预先放入2/3量的展层剂),样品端向下垂直放置,切勿使展层剂浸到样品点。当溶剂前沿到达离上端约3 cm处,取出滤纸,用铅笔描出溶剂前沿,晾干。

5. 显色

将晾干滤纸放入烘箱中(105℃)，烤几分钟后，滤纸上即显出氨基酸斑点。用铅笔描出斑点轮廓(图 7-2)。

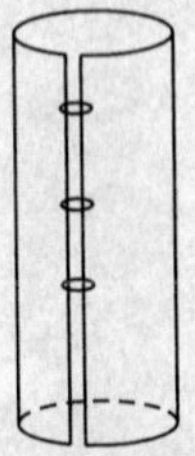

图 7-1　滤纸的缝合

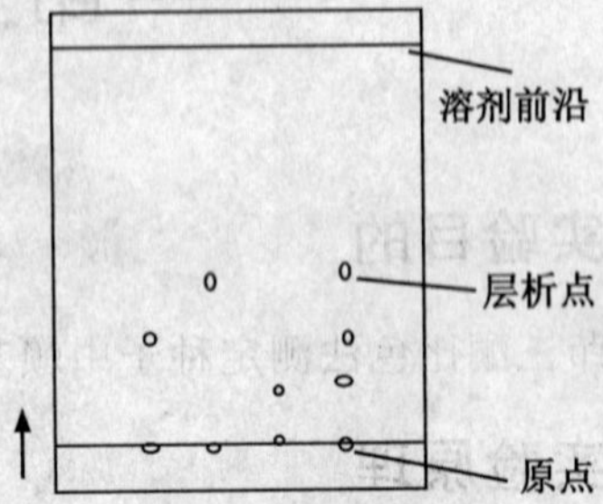

图 7-2　层析图谱

五、注意事项

(1)整个操作过程中，手只能接触滤纸边缘，否则会在滤纸上留下手指上的氨基酸斑点。

(2)点样时，勿将毛细管插错试剂瓶。

(3)展层结束后，及时用铅笔描出溶剂前沿。

六、思考题

1. 根据实验，计算各种氨基酸的 R_f 值，并判断混合氨基酸的组分。

2. 氨基酸纸上层析用哪种物质作为显色剂？这种显色剂与哪些氨基酸反应不产生蓝紫色？

3. 试根据我们做的实验，说明几种标准氨基酸的 R_f 值为何不同。

4. 分析氨基酸纸层析斑点的拖尾现象成因。

实验八　谷物种子中赖氨酸含量的测定
——茚三酮比色法

一、实验目的

掌握茚三酮比色法测定种子中赖基酸含量的原理和方法。

二、实验原理

赖氨酸是各种谷物、食品中重要营养成分之一，也是衡量食品质量及改良谷物品种的主要指标之一。对于谷物赖氨酸含量测定，目前国内外主要采用仪器分析法和化学分析法。仪器分析法主要有氨基酸分析仪分析法和近红外光谱分析法(NIRS)。化学分析法主要有染料结合赖氨酸法(DBL 法)和茚三酮比色法。其中，DBL 法比较经典，但需要配套蛋白质分析仪或赖氨酸分析仪，需用较大量的样品，并且所需染料试剂较难购买。本实验采用的茚三酮比色法，在实验室即可完成对样品中赖氨酸含量的简便、快速、经济、准确的分析测定。

蛋白质中赖氨酸的游离 ε-氨基与茚三酮(水合)试剂加热反应，可发生氨化、脱氨、脱羧作用，生成蓝紫色物质，该物质在波长 530 nm 处的颜色深浅与蛋白质中赖氨酸的含量在一定范围内呈线性关系。亮氨酸与赖氨酸所含的碳原子数目是相同的，而且仅有一个氨基(α-NH_2)，相当于蛋白质中赖氨酸残基上的游离氨基(ε-NH_2)，所以通常用亮氨酸配制标准溶液以制作标准曲线。反应式如下：

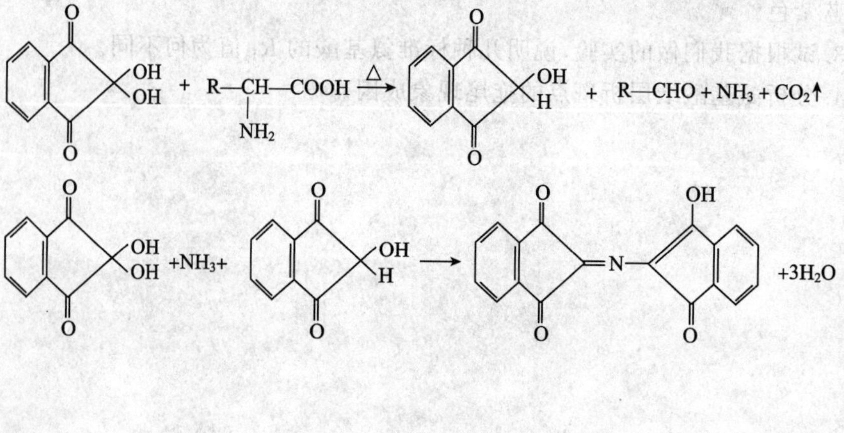

由上述反应式看出，该反应具有以下特点：

反应第一步是水合茚三酮的还原。为阻止还原型茚三酮被氧化常在反应体系中加入氯化亚锡、抗坏血酸、氯化镉及氰酸盐等还原剂。

反应第二步是脱水缩合。终产物的浓度及稳定性受到反应介质中水的量的影响，因此，反应完毕后即向反应体系中加入一定量的有机溶剂；以稳定反应产物。

氨参与该反应，为防止反应受干扰，应保证实验用水和各种试剂不被氨所污染。

该反应在微酸高温条件下进行，缓冲液体系最适 pH 5.0。

三、实验用品

1. 材料

玉米种子。

2. 器材

电子天平，722 型分光光度计，恒温水浴锅，具塞试管，移液管与移液管架，玻棒，滤纸，漏斗与漏斗架，容量瓶。

3. 试剂

(1)95%乙醇。

(2)4%碳酸钠、2%碳酸钠。

(3)亮氨酸标准液。准确称取 5 mg 亮氨酸，加数滴 0.02 $mol \cdot L^{-1}$ 盐酸溶解，用蒸馏水定容至 100 mL。

(4)茚三酮试剂。称 1 g 茚三酮溶于 25 mL 95%乙醇。称 40 mg 二氯化锡溶于 25 mL 柠檬酸缓冲液中，将两液混合摇匀，滤去沉淀，上清液置冰箱保存备用。

(5)0.2 $mol \cdot L^{-1}$ 柠檬酸缓冲液(pH 5.0)。

四、操作步骤

1. 样品处理

将玉米种子粉碎，过 100 目筛，收集细粉，放入烧杯，加入沸程 60～90℃的石油醚，浸没粉面，泡 8 h，多次搅拌脱脂。然后过滤，并用石油醚淋洗粉面若干次，弃滤液，用干净的滤纸晾干粉面，于阴凉通风处吹干石油醚。收集干粉，置干燥器内保存备用。

2. 标准曲线的制作

取 7 支具塞试管，按表 8-1 加入各种试剂，制作氨基酸标准曲线。

表 8-1　氨基酸标准曲线的制作

试　剂	管　号						
	0	1	2	3	4	5	6
亮氨酸标准液/mL	0	0.1	0.2	0.4	0.6	0.8	1.0
亮氨酸含量/μg	0	5	10	20	30	40	50
蒸馏水/mL	2.0	1.9	1.8	1.6	1.4	1.2	1.0

再向上述每支试管加入 4%碳酸钠和茚三酮试剂各 2.0 mL,加塞混匀,于 80℃水浴中加热 30 min,流水迅速冷却至室温,立即向各支试管中加 95%乙醇 3.0 mL,混匀,于 530 nm 下测定其光密度(以 0 号管为空白对照)。以光密度为纵坐标,亮氨酸含量为横坐标,绘制标准曲线。

3.样品的测定

取 30 mg 脱脂玉米粉于具塞试管内,加 2%碳酸钠 4.0 mL 于 80℃水浴中提取 20 min,然后加茚三酮试剂 2.0 mL,继续 80℃水浴中保温显色 30 min,冷却后加 95%乙醇 3.0 mL,混匀过滤,滤液于 530 nm 下比色。

4.结果计算

按下式计算样品中赖氨酸的含量:

$$样品中赖氨酸的含量=\frac{X\times\alpha\times10^{-3}}{W}\times100\%$$

式中:X 为从标准曲线上查得的亮氨酸微克数;α 为样液稀释倍数;W 为样品重(mg)。

需要注意的是,因亮氨酸与赖氨酸的分子量不同,故以亮氨酸为标准计算赖氨酸时需乘以校正系数 1.151 5,最后再减去游离氨基酸的含量。各种作物种子中游离氨基酸的含量不同:玉米 0.04%,小麦 0.05%,高粱 0.04%,水稻 0.01%。

五、注意事项

(1)因茚三酮不但能与赖氨酸反应生成紫红色物质,而且可与其他游离氨基酸生成二酮茚氨取代盐等蓝紫色化合物,实际测定赖氨酸含量可能偏高。

(2)本实验采用茚三酮为显色剂,显色反应时需要严格控制温度、pH、时间等条件。

(3)水浴时要用具塞试管。

六、思考题

1. 简述测定谷物样品中赖氨酸含量的意义。

2. 氨基酸与茚三酮反应非常灵敏，几微克氨基酸就能显色。由于蛋白质和多肽中的游离氨基也会产生同样反应，对于含大量蛋白质和多肽的样品应如何减少测定干扰？

实验九　胰岛素N末端的测定
——聚酰胺薄膜层析法

一、实验目的

学习利用DNS法与聚酰胺薄膜层析技术测定蛋白质N末端的原理并掌握实际操作。

二、实验原理

二甲氨基萘磺酰氯(1-dimethylaminonaphthalene-5-sulfonyl chloride，简称DNS-Cl)在碱性环境下可与蛋白质或多肽的N末端氨基酸的氨基发生反应，生成DNS-蛋白质(二甲氨基萘-5-磺氨酰蛋白)，经酸水解可得到带有荧光并稳定的DNS-氨基酸和其他各种游离氨基酸，其中DNS-氨基酸即为DNS标记的蛋白质N末端氨基酸，可直接利用色谱的方法进行分离鉴定。与DNFB(2,4-二硝基氟苯)法相比，DNS法灵敏度高，聚酰胺薄层层析技术可测出含量仅为10^{-9}～10^{-10} mol的DNS-氨基酸，比DNFB的灵敏度高出100倍左右，且实验中所得到的DNS-氨基酸比相应的DNP-氨基酸更稳定。DNS-Cl能与所有的氨基酸作用生成具有荧光的衍生物，在波长254 nm或265 nm的紫外光照射下发出强烈的黄绿色荧光。由于DNS基团与氨基之间的键结合牢固，绝大部分DNS-氨基酸都很稳定，在5.7 mol·L^{-1} HCl溶液中，110℃水解22 h后，除DNS-色氨酸全部被破坏，DNS-丙氨酸(7%)、DNS-甘氨酸(18%)、DNS-苏氨酸(30%)、DNS-丝氨酸(35%)及DNS-脯氨酸(77%)部分被破坏外，其余DNS-氨基酸没有任何损失。除了与N末端氨基酸发生反应外，DNS-Cl亦可与蛋白质侧链基团的巯基、咪唑基、ε-氨基和酚反应，前两者反应物在酸碱条件下均不稳定，酸水解时完全破坏；DNS-ε-赖氨酸和DNS-O-酪氨酸较稳定，同时还有DNS-双-赖氨酸和DNS-双-酪氨酸生成，但其展层后在层析图谱的位点上与DNS-α-氨基酸有区别，很容易区分。

聚酰胺薄膜层析是20世纪70年代后发展起来的一种层析技术。聚酰胺是将锦纶涂于涤纶片上制成，这类聚合物含有大量的酰胺基团，这些基团能与DNS-氨基酸上的羧基形成氢键而产生吸附作用，不同的DNS-氨基酸因结构差异，形成氢键的能力强弱有所不同，在层析过程中，展层溶剂与被分离物质在聚酰胺表面竞相形成氢键，选用适当的展层溶剂，使被分离的各种物质在溶剂与聚酰胺表面之间的分配系数有较大差异，经过吸附与解吸的展层过程，形成一个分离顺序，彼此分开。

三、实验用品

1. 材料

结晶胰岛素。

2. 器材

紫外灯，恒温箱，烘箱，聚酰胺薄膜，层析缸，吹风机，毛细管。

3. 试剂

(1)层析展开剂。第一相为甲酸：水＝1.5：100(V/V)；第二相为苯：冰乙酸＝9：1(V/V)。

(2)0.2 mol·L^{-1} $NaHCO_3$。

(3)1 mol·L^{-1} NaOH。

(4)2.5 mg·mL^{-1} DNS-Cl 丙酮溶液。

(5)6 mol·L^{-1} HCl。

(6)乙酸乙酯。

四、操作步骤

1. 胰岛素的 DNS 标记

用 0.2 mol·L^{-1} $NaHCO_3$ 溶液配制 2 mmol·L^{-1} 胰岛素溶液。取 0.1 mL 此溶液加入水解管中，加入 0.1 mL DNS-Cl 丙酮溶液，用 1 mol·L^{-1} 的 NaOH 调 pH 至 9～10，混匀后用胶布封口，置 37℃保温 1 h。反应完成后，真空抽干或于 60℃蒸干丙酮，所得固体混合物即为 DNS-胰岛素。

2. DNS-胰岛素的抽提

用 2 mL 6 mol·L^{-1} HCl 将上述 DNS-胰岛素溶解，抽真空封口，110℃保温 16～20 h，水解完成后，开管将溶液转移到 5 mL 小烧杯内，蒸干或用吹风机吹干，加 1 mL 0.2 mol·L^{-1} 的 $NaHCO_3$ 溶液溶解，并用 1 mol·L^{-1} 的盐酸调节 pH 至 2.0～2.5，加入 1 mL 乙酸乙酯抽提，挥干后用 0.1 mL 丙酮溶解待用。

3. DNS-标准氨基酸制备

已知胰岛素 AB 链的末端氨基酸分别为甘氨酸和苯丙氨酸，因此将标准甘氨酸与标准苯丙氨酸分别用 0.2 mol·L^{-1} $NaHCO_3$ 配成 0.5 mg·mL^{-1} 浓度的氨基酸溶液。取 0.1 mL 加入具塞玻璃试管中，同时加入等体积的 DNS-Cl 丙酮溶液，用 1 mol·L^{-1} NaOH 调 pH 至 9～10，塞紧摇匀。置 40℃保温 1 h，反应完成后取出蒸去丙酮，加 1 mL 0.2 mol·L^{-1} 的 $NaHCO_3$ 溶液溶解，并用 1 mol·L^{-1} 的盐酸调节 pH 至 2.0～2.5，加入 1 mL 乙酸乙酯抽提，挥干后用 0.1 mL 丙酮溶解待用。

4. DNS-氨基酸层析

(1)聚酰胺薄膜准备。将聚丙烯酰胺薄膜剪成 7 cm×7 cm 的方块，距离边缘 1 cm 处画一直线作为基线，基线上画几个点，作为点样起始点。

(2)点样。将 DNS-氨基酸与 DNS-标准氨基酸分别点在点样点，点样直径不超过 2 mm，少量多次点样。

(3)展层。点样后将薄膜光面朝外，聚酰胺面朝内，用橡皮筋捆成半圆筒形，置于第Ⅰ项展层剂中进行单向展开，当溶剂上升到离膜顶端 1.0 cm 处时，停止展层，立即开盖标记前沿，取出，彻底吹干后顺时针旋转 90°，以同样方法进行第Ⅱ相展层。

五、结果处理

将层析后的薄膜放在 254 nm 或 265 nm 的紫外灯下观察，圈出呈现绿色荧光的点，测量其迁移距离，计算 R_f 值。

比较末端 DNS-氨基酸与 DNS-标准氨基酸的 R_f 值，判断胰岛素末端氨基酸。

六、注意事项

1. 制备的条件

在 DNS-氨基酸制备时，DNS 化必须在碱性条件下（pH 9.7～10.5）进行，否则会有很多副产物 DNS-NH_2 或 DNS-OH 产生。层析过程中，也可不用乙酸乙酯抽提直接层析。

2. 封管水解的几个问题

DNS 化后，加 5.7 mol·L^{-1} HCl 水解，一定要抽真空或把管封紧，否则 110℃水解时易氧化破坏氨基酸。

3. 点样展层

(1)点样。样品的点要小、圆，量要适当，否则拖尾，因此毛细管要细，管口要平，样品浓度要合适，聚酰胺薄膜要选择优质的。

(2)展层要在小的、密闭的、底部水平的容器里进行，每次展层的温度、时间、展层剂的浓度要保持一致，否则不易重复。

七、思考题

1. DNS 化测定 N-末端氨基酸的根据是什么？DNS 化的最适 pH 是多少？

2. DNS-Cl 除能与 α-氨基反应外，还能与氨基酸的什么基团发生反应，生成什么产物？

3. 未知样品(蛋白质或肽)的 N-末端氨基酸如何确定？

实验十　蛋白质含量的测定

Ⅰ.微量凯氏定氮法

一、实验目的

学习并掌握微量凯氏定氮法的实验原理和方法，掌握微量凯氏定氮法的基本操作与技术。

二、实验原理

蛋白质是含氮的有机化合物，其氮元素组成具有共同的特点——平均含氮为16%，即样品中每含1 g蛋白氮相当于含有6.25 g蛋白质，因此只要检测了样品中蛋白氮的含量，即可推算样品中蛋白质的含量。样品中蛋白氮含量的检测通常采用微量凯氏定氮法，它适合于测定0.2～2.0 mg的氮，测定准确度高，对样品形态没有要求，是测定食品、饲料、种子以及生物制品中蛋白质含量的标准方法。

微量凯氏定氮法分为消化、蒸馏与滴定三个步骤。当含有蛋白质的样品与浓硫酸共热消化时，样品中的有机氮转变成为无机氮（氨），与硫酸结合形成硫酸铵，硫酸铵与强碱作用可释放出氨，借助蒸汽蒸出的氨被过量的酸液（硼酸-指示剂溶液）吸收，溶液中的氢离子浓度降低，使指示剂颜色发生改变。再利用标准酸来滴定，直至酸液氢离子浓度恢复初始氢离子浓度，表现为指示剂颜色恢复至初始颜色，滴定过程中消化的标准酸的摩尔浓度与样品中总氮的摩尔浓度相当。在消化过程中加入硫酸铜与硫酸钾可加速消化进程，反应过程如下：

有机含氮物 + 浓 $H_2SO_4 \rightarrow CO_2 + (NH_4)_2SO_4 + SO_2 + SO_3$

$(NH_4)_2SO_4 + 2NaOH \rightarrow 2NH_4OH + Na_2SO_4$

$NH_4OH \rightarrow NH_3 + H_2O$

$NH_3 + H_3BO_3 \rightarrow (NH_4)H_2BO_3$

$(NH_4)H_2BO_3 + HCl \rightarrow NH_4Cl + H_3BO_3$

需要注意的是，微量凯氏定氮法检测的是样品中的总氮含量，若样品中含有大量无机氮，则会对检测结果产生干扰，在此情况下，应分别进行蛋白氮和非蛋白氮测定。若检测样品为液体，可用三氯醋酸等沉淀剂将蛋白质从样品中沉淀出来，按总氮法测定上清液的含氮量，得到非蛋白氮，然后由总氮量减去非蛋白氮量，即可获得样品蛋白氮的含量；或直接测定沉淀的蛋白质氮，也可获得所测样品的蛋白质含量。

三、实验用品

1. 材料

兔血清（卵清蛋白或其他含蛋白质样品）。

2. 器材

微量凯氏定氮仪（全套），电炉或煤气灯，凯氏烧瓶（25 mL），移液管（1 mL，2 mL，5 mL，10 mL），锥形瓶（50 mL，100 mL），量筒（10 mL），微量滴定管（2 mL 或 5 mL），酸式和碱式滴定管（25 mL），容量瓶（50 mL，100 mL），小漏斗，表面皿（5 cm），洗耳球，沸石等。

3. 试剂

（1）硫酸铜-硫酸钾混合物。取硫酸钾 3 份和硫酸铜 1 份（*W*/*W*），充分研磨混合。

（2）混合指示剂储备液。取 0.1％甲基红-无水乙醇溶液和 0.1％甲烯蓝-无水乙醇溶液按 4∶1 比例（*V*/*V*）混合，放于棕色试剂瓶内备用。

（3）硼酸-指示剂合液。取 100 mL 2％的硼酸溶液，滴加混合指示剂贮备液，摇匀后呈紫色即可（约加 1 mL 混合指示剂储备液）。

（4）标准硫酸铵溶液（0.3 mg 氮/mL）。准确称取 141.6 mg 干燥硫酸铵，加蒸馏水定容至 100 mL。

（5）浓硫酸（分析纯）。

（6）30％双氧水溶液（*V*/*V*）。

（7）30％ NaOH 溶液（*V*/*V*）。

（8）0.01 mol/L 标准盐酸溶液。

四、实验操作

1. 样品制备

吸取 1 mL 兔血清，放入 50 mL 容量瓶中，加蒸馏水稀释至刻度，混匀备用。若溶液混浊可加少量氯化钠后混匀。

2. 消化

取4个凯氏烧瓶，编号，分别准确吸取2 mL稀释的血清溶液，小心地将血清溶液样品加入1、2号烧瓶内底部，注意切勿使样品沾于瓶口及瓶颈上。同时向3、4号烧瓶中各加入2 mL蒸馏水，作为空白对照，以消除试剂中微量含氮物质的影响。然后向4个烧瓶中各加入约100 mg硫酸钾-硫酸铜混合物(作为催化剂)和2 mL浓硫酸，移至通风橱内，倾斜放置在电炉上，微火加热至沸腾，这时瓶内物质碳化变黑，并产生大量泡沫，要特别注意控制火力，不能让黑色物质升到瓶颈部，否则将严重影响实验结果。当混合物停止冒泡，气体逸出也较均匀时，可适当加大火力使瓶内液体保持微微沸腾。待烧瓶中消化液渐渐从棕黑色变成澄清，为保证反应的彻底完成继续沸腾1 h。或基本澄清后，将烧瓶取下，让其稍稍冷却后，沿瓶壁缓缓加入30% H_2O_2 2滴，再继续加热10 min，如此可反复数次。反应终了，消化液应呈清澈淡蓝色或无色透明，若为淡黄色表示消化尚未完全。消化时间一般为5～6 h即可。消化时间也不宜过长，否则会引起氨的损失。有的样品中含赖氨酸或组氨酸较多，则消化时间需要延续1～2倍。消化完毕，关闭电炉，待烧瓶冷却至温室，进行蒸馏。

3. 蒸馏

(1)凯氏定氮仪的装置与清洗。按图10-1细心进行装置，要求稳固和便于操

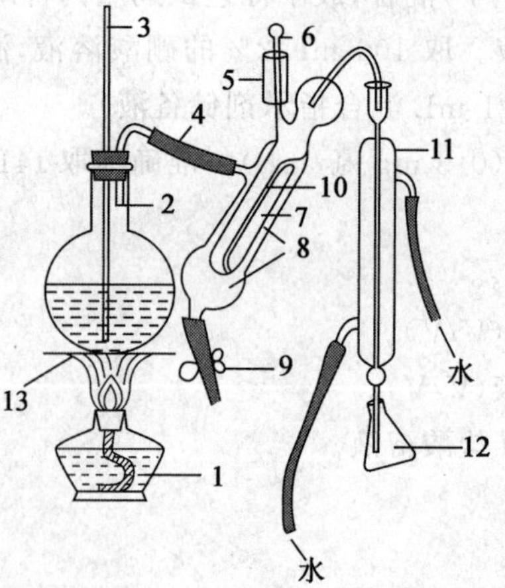

图 10-1 微量凯氏定氮仪

1. 煤气灯；2. 蒸汽发生器；3. 长玻璃管；4. 橡皮管；5. 小玻璃杯；6. 棒状玻璃塞；7. 反应室；8. 反应室外壳；9. 夹子；10. 反应室中插管；11. 冷凝管；12. 锥形瓶；13. 石棉网

作，管道连接处要严密无泄漏现象。凯氏定氮仪是由几个部分组装在一起的成套装置，结构特殊，连接部位及进出口都是细口及管道，需要采用水蒸气进行洗涤。在清洗过程中进一步检查仪器装置有无漏气和漏液发生。

(2)标准硫酸铵样品练习。为练习蒸馏和滴定操作，可利用标准硫酸铵溶液练习2～3次。取3个50 mL锥形瓶，分别加入5 mL含有混合指示剂的硼酸溶液，用表面皿覆盖备用。准确吸取2 mL标准硫酸铵溶液，使样品液注入反应室中，闭上棒状玻璃塞。另取一个盛有硼酸溶液的锥形瓶，放在冷凝管下口，使冷凝管下口插入酸液内，保证反应所释放的氨全被吸收。

向样品杯中加入30% NaOH 10 mL，再向样品杯中加约5 mL蒸馏水，使之缓缓流入反应室，并留少量水在样品杯内作水封。开始加热水蒸气发生器，沸腾后关闭夹子，进行蒸馏，锥形瓶中酸液吸收了氨，颜色由紫红色变成绿色。自变色起再蒸馏3 min，移动锥形瓶，用表面皿盖好。以同样方法，练习蒸馏其他两个样品，待蒸馏完毕后，3瓶样品同时进行滴定，以减少实验误差。

在每次蒸馏完毕后，为了排除反应室中的废液，需要关闭夹子，向样品杯中加入冷蒸馏水，并让充足的蒸汽通过反应室，使其中液体沸腾，让蒸汽通过全套蒸馏仪清洗数分钟后，继续下一次蒸馏。

(3)待测样品蒸馏。取洗净的50 mL锥形瓶4个编号，按图装置用蒸汽冲洗锥形瓶数分钟，冷却后各加入2%硼酸溶液5 mL及混合指示剂(2滴)，酸液应呈紫红色，用表面皿覆盖备用。如果锥形瓶内酸液呈绿色，则需要用水蒸气重新洗涤。

蒸馏器每次使用前，需要用水蒸气洗涤10 min左右，洗净后，吸去反应室内的残夜，即可开始样品蒸馏。

将凯氏烧瓶中的消化液定量转移到反应室内，并用蒸馏水将凯氏烧瓶中冲洗3次，每次约用2 mL，让洗涤液完全进入反应室，然后用少量蒸馏水洗涤加样杯，闭上棒状玻塞。以下操作完全按标准硫酸铵样品测定步骤进行。待4个凯氏烧瓶中消化液均蒸馏完毕，再统一进行滴定。

蒸馏时的实验环境切忌有碱性雾气，否则将会影响实验结果。

在蒸馏过程中，碱加入后，有铜氨离子、氢氧化铜或氧化铜等化合物生成，溶液呈蓝色或则褐色，并有胶状沉淀生成，这是正常现象。反之如果颜色不变，说明碱浓度可能不够或偏低。

(4)滴定。全部蒸馏完毕后(包括标准硫酸铵样品)，用0.01 mol·L^{-1}标准盐酸滴定各锥形瓶中收集的氨量，当瓶中酸液由绿色变回淡紫色时，为滴定终点。对所消耗的标准盐酸溶液体积(mL)要分别详细记录。

4. 结果处理

(1)被测样品的含氮量,按下式计算:

$$样品的含氮量(mg \cdot mL^{-1} 或 mg \cdot g^{-1})=(A-B)\times M_{HCl}\times 14/V$$

式中:A 为滴定样品用区的标准盐酸的毫升数,B 为滴定空白用区的标准盐酸的毫升数;M_{HCl} 为标准 HCl 溶液的浓度($mol \cdot L^{-1}$);V 为所取样品的毫升数或克数;14 为氮的原子量。

(2)标准硫酸铵样品中含氮量($mg \cdot mL^{-1}$)。根据实验记录所消耗 HCl 溶液体积(mL),按上式计算其实测结果的含氮量,并与已知浓度标准硫酸铵含量($3\ mg \cdot mL^{-1}$)进行比较,计算相对误差。

五、注意事项

(1)有机含氮物的分解反应进行很慢,为了缩短消化时间,常加入少量催化剂(硫酸铜)以加速反应,同时还添加硫酸钾以提高硫酸的沸腾温度。

(2)凯氏定氮仪结构比较特殊,需要采用水蒸气进行洗涤,用一般方法很难清洗干净,清洗中注意检查仪器装置有无漏气和漏液发生。

六、思考题

1. 试计算兔血清中蛋白质的含量。

2. 如何检测牛奶中蛋白质的含量? 如果有非法的添加剂,如三聚氰胺,如何检测?

Ⅱ. Folin-酚试剂法

一、实验目的

学习和掌握 Folin-酚法测定蛋白质含量的原理和方法,熟悉分光光度计的操作。

二、实验原理

蛋白质或多肽分子中有带酚基酪氨酸或色氨酸,在碱性条件下,可使酚试剂中的磷钼酸化合物还原成蓝色(生成钼蓝和钨蓝化合物)。

Folin-酚试剂法包含两步反应:第一步是在碱性条件下,蛋白质通过所含肽键与铜作用生成蛋白质-铜络合物；第二步是上述络合物中含有的酪氨酸和色氨酸残基将 Folin-酚试剂中的磷钼酸-磷钨酸试剂还原，生成蓝色物质（磷钼蓝和磷钨蓝混合物），在一定的范围内，蓝色物质颜色的深浅与蛋白质含量成正比关系，故可用于蛋白质含量测定。

Folin 试剂显色反应由酪氨酸、色氨酸和半胱氨酸引起，因此样品中若含有酚类、柠檬酸和巯基化合物均有干扰作用。此外，不同蛋白质因酪氨酸、色氨酸含量不同而使显色强度稍有不同。Folin-酚试剂法灵敏度高，较紫外吸收法灵敏 10～20 倍，双缩脲法灵敏 100 倍；操作简单快速，不需要复杂的仪器设备。但它的不足之处是反应过程中受干扰因素较多。

三、实验用品

1. 材料

绿豆芽下胚轴（或其他蛋白质含量高且易于测定的材料）。

2. 器材

分光光度计，离心机，分析天平，电子天平，量筒，移液管，容量瓶（0.5 mL、1 mL、5 mL）。

3. 试剂

(1) Folin-酚试剂 A（碱性铜溶液）。甲液：取 Na_2CO_3 2 g 溶于 100 mL 0.1 mol · L^{-1} 氢氧化钠溶液中，乙液：取 $CuSO_4 \cdot 5H_2O$ 晶体 0.5 g，溶于 1%酒石酸钾 100 mL 中。临用时按甲：乙＝50：1 混合使用。

(2) Folin-酚试剂 B。将 100 g 钨酸钠、25 g 钼酸钠、700 mL 蒸馏水、50 mL 85%磷酸及 100 mL 浓盐酸置于 1 500 mL 的磨口圆底烧瓶中，充分混匀后，接上磨口冷凝管，回馏 10 h，再加入硫酸锂 150 g，蒸馏水 50 mL 及液溴数滴，开口煮沸 15 min，在通风橱内驱除过量的溴。冷却，稀释至 1 000 mL，过滤，滤液呈微绿色，贮于棕色瓶中。临用时，用 1 mol · L^{-1} 的氢氧化钠溶液滴定，用酚酞作指示剂，根据滴定结果，将试剂稀释至相当于 1 mol · L^{-1} 的酸。

四、操作步骤

1. 标准曲线的制作

(1) 标准牛血清白蛋白溶液的配制。精确称取 0.025 0 g 结晶牛血清白蛋白，倒入小烧杯内，用少量蒸馏水溶解后转入 100 mL 容量瓶中，烧杯内的残液用少量蒸馏水冲洗数次，冲洗液一并倒入容量瓶中，用蒸馏水定容至 100 mL，则配成 250 $\mu g \cdot mL^{-1}$ 的牛血清白蛋白溶液。

(2)系列标准牛血清白蛋白溶液的配制。取试管 6 支，按表 10-1 加入标准浓度的牛血清白蛋白溶液和蒸馏水，配成一系列不同浓度的牛血清白蛋白溶液。然后分别加入 Folin-酚试剂 A 液 5 mL，混匀后于室温下放置 10 min；再分别加入 Folin-酚试剂 B 液 0.5 mL，立即混合均匀(这一步速度要快，否则会使显色程度减弱)。30 min 后，以不含蛋白质的 1 号试管为对照，用 722 型分光光度计于 650 nm 波长下测定各试管中溶液的光密度并记录结果。见表 10-1。

表 10-1 标准牛血清白蛋白溶液配制

试剂/mL	管号					
	1	2	3	4	5	6
标准牛血清白蛋白溶液	0	0.2	0.4	0.6	0.8	1
蒸馏水	1	0.8	0.6	0.4	0.2	0
Folin-酚试剂 A	5.0	5.0	5.0	5.0	5.0	5.0
	摇匀，在室温下放置 10 min					
Folin-酚试剂 B	0.5	0.5	0.5	0.5	0.5	0.5
	摇匀，在室温下放置 30 min 后在 650 nm 下进行比色					
$OD_{650\ nm}$						

2. 样品的提取及测定

(1)样品蛋白的提取。准确称取绿豆芽下胚轴 1 g，放入研钵中，加蒸馏水 2 mL，研磨匀浆。将匀浆转入离心管，并用 6 mL 蒸馏水分次将研钵中的残渣洗入离心管，于 4 000 $r \cdot min^{-1}$ 离心 20 min。后将上清液转入 50 mL 容量瓶中，用蒸馏水定容到刻度，摇匀，作为待测液备用。

(2)样品蛋白含量检测。取普通试管 3 支，第 1 支加入蒸馏水 1 mL 作为空白对照，第 2,3 支各加入待测溶液 1 mL，分别加入试剂甲 5 mL，混匀后放置 10 min，再各加试剂乙 0.5 mL，迅速混匀，室温放置 30 min，于 650 nm 波长下测定光密度，并记录结果。

3. 结果处理

计算出两重复样品光密度的平均值，从标准曲线中查出相对应的蛋白质含量 $X(\mu g)$，再按下列公式计算样品中蛋白质的百分含量。

$$样品蛋白质含量=\frac{X/\mu g\times 稀释倍数}{样品重/g\times 10^6}\times 100\%$$

五、注意事项

(1)注意控制实验的时间，因为溶液的光密度值是随着时间在不断增大的，如果时间超过 30 min，则测得的光密度值不准确。

(2)由于分光光度计比较精密，所以往试管中加药品的时候要尽量做到准确。

(3)注意比色皿的正确使用，如比色皿中装入的液体量大约是比色皿体积的 2/3；在擦拭比色皿时，要顺着一个方向擦，以保证吸光度测量不受影响；比色皿的光面要与光源在同一条线上。

六、思考题

1. Folin-酚试剂法测蛋白质含量为什么要求加入乙试剂后立即混匀？

2. 干扰 Folin-酚试剂法测定蛋白质含量的因素有哪些？

Ⅲ. 考马斯亮蓝 G-250 染色法

一、实验目的

学习和掌握考马斯亮蓝 G-250 染色法测定蛋白质含量的原理及方法。

二、实验原理

蛋白质的存在影响酸碱滴定中所用某些指示剂的颜色变化，从而改变这些染料的光吸收。在此基础上发展了蛋白质染色测定方法，涉及的指示剂有甲基橙、考马斯亮蓝、溴甲酚绿和溴甲酚紫。目前广泛使用的染料是考马斯亮蓝。

考马斯亮蓝 G-250 在酸性溶液中为棕红色，当它与蛋白质通过范德华键结合后，变为蓝色，且蛋白质在一定浓度范围内符合比尔定律，在 595 nm 处比色测定。2～5 min 即呈最大光吸收，至少可稳定 1 h。在含蛋白质 0.01～1.0 $mg\cdot mL^{-1}$ 范围内均可。该法操作简便迅速，消耗样品量少，但不同蛋白质之间差异大，且标准曲线线性差。高浓度的 Tris、EDTA、尿素、甘油、蔗糖、丙酮、硫酸铵和去污剂存在时对测定有干扰。缓冲液浓度过高时，改变测定液 pH 会影响显色。

三、实验用品

1. 材料

未知浓度的蛋白质溶液,浓度控制在 10～30 mg·mL^{-1}。

2. 器材

分光光度计,移液管(1 mL、5 mL),试管及试管架。

3. 试剂

(1)考马斯亮蓝 G-250 染色液。取考马斯亮蓝 G-250 100 mg 溶于 50 mL 95%乙醇中,加 100 mL 85%磷酸,加水稀释至 1 L,贮于棕色试剂瓶中。该染色液可保存数月。

(2)标准蛋白溶液。0.1 mg·mL^{-1} 牛血清白蛋白。

四、操作步骤

1. 标准曲线的制作

取 7 支试管,按表 10-2 加入试剂。

表 10-2 标准曲线的制作

试剂/mL	管号						
	0	1	2	3	4	5	6
标准蛋白溶液	0	0.1	0.2	0.4	0.6	0.8	1.0
蒸馏水	1	0.9	0.8	0.6	0.4	0.2	0
考马斯亮蓝 G-250 染色液	5	5	5	5	5	5	5
	试管摇匀,放置 20 min						
$OD_{595\ nm}$							

加完试剂后,混合均匀,室温放置 20 min,用分光光度计于 595 nm 处比色测定吸光值。以 $OD_{595\ nm}$ 为纵坐标,标准蛋白质浓度为横坐标,绘制标准曲线。

2. 样品的测定

取 3 支试管,按表 10-3 加入试剂。

加完试剂后,混合均匀,室温放置 20 min,用分光光度计于 595 nm 处比色测定吸光值,通过吸光度值,对照标准曲线求出样品蛋白质的浓度。

表 10-3 样品的测定

试剂/mL	管号		
	0	1	2
未知浓度的蛋白质溶液	0	0.2	0.2
蒸馏水	1	0.8	0.8
考马斯亮蓝 G-250 染色液	5	5	5
	试管摇匀,放置 20 min		
$OD_{595\ nm}$			

五、注意事项

(1)由于染料本身两种颜色形式的光谱有重叠,试剂背景值会因与蛋白质结合的染料增加而不断降低,因而当蛋白质浓度较大时,标准曲线稍有弯曲,但直线弯曲程度很轻,不影响测定。

(2)为避免因蛋白质与染料复合物发生凝集沉淀而影响测定结果,比色测定工作应在蛋白质与染料混合后的 2 min 开始,力争 1 h 内完成。不可放置太长时间,否则将使测定结果偏低。

(3)考马斯亮蓝具有较强的染色能力,比色皿不洗干净会影响光吸收值,因此实验不可用石英比色皿测定。

六、思考题

1. 考马斯亮蓝法测定蛋白质含量的原理是什么?
2. 考马斯亮蓝法测定蛋白质含量的优缺点包括哪些?

Ⅳ. 紫外吸收法

一、实验目的

学习和掌握紫外吸收法测定蛋白质含量的原理及方法。

二、实验原理

参与蛋白质构建的 20 种标准氨基酸中,酪氨酸、色氨酸以及苯丙氨酸 3 种芳香族氨基酸侧链苯环含有共轭双键,从而具有紫外吸收特性。蛋白质由于含有这些氨基酸，因此也具有紫外吸收特性，其中色氨酸和酪氨酸对蛋白质紫外吸收最强，两者最大吸收峰均在 280 nm 附近，因此蛋白质近紫外最大吸收峰为 280 nm，在一定的范围内（0.1～1 mg · mL^{-1}），蛋白质在此处的光密度值（OD_{280}）与其含量成正比关系，故可用于蛋白质含量检测。但是不同的蛋白质中 3 种芳香族氨基酸的含量不同，所以不同蛋白质的摩尔吸收系数是不完全相同的，若标准蛋白质中 3 种氨基酸的组成与待测样品差异较大，则检测会产生一定的误差，通过选择与待测蛋白质中酪氨酸、色氨酸和苯丙氨酸的组成相同或相似的蛋白质作为标准蛋白质，则可减少误差。此外，若样品中含有核酸、嘧啶以及嘌呤类物质，也会对蛋白质含量检测产生干扰。为减少样品中核酸类物质的干扰，可利用待测样品在 280 nm 处和 260 nm 处的吸收差进行校正，常用经验公式如下：

$$蛋白质含量(mg \cdot mL^{-1}) = 1.45 \times OD_{280} - 0.74 \times OD_{260}$$

本法简单快速，检测过程中不破坏蛋白质样品，有利于样品回收；且检测不受低浓度盐的干扰，因而广泛地应用于蛋白质产品生产的中间检测环节，如蛋白质柱层析分离过程中，洗脱液中蛋白质含量的检测等。

三、实验用品

1. 材料

鸡蛋。

2. 器材

紫外分光光度计，紫外比色皿，电子天平，容量瓶，移液管，分蛋器。

3. 试剂

蒸馏水，样品溶液（鸡卵清蛋白溶液）。

四、操作步骤

1. 样品溶液（鸡卵清蛋白溶液）的配置

取新鲜鸡蛋两个，用分蛋器分离出蛋清。量取 5 mL 鸡蛋清，称重后，定容至 500 mL，混匀过滤，即得样品溶液。

2. 光密度测定

将样品溶液放入紫外比色皿，以蒸馏水为空白溶液，分别检测 280 nm 与 260 nm 光密度值，每个样品重复 3 次，取平均值。

3. 结果处理

根据经验公式，计算蛋白质含量。

$$\text{鸡蛋卵清蛋白质含量}=[(1.45\times OD_{280}-0.74\times OD_{260})\times N/m\times 1\,000]\times 100\%$$

式中：OD_{280} 为待测样品 280 nm 处光密度值；OD_{260} 为待测样品 260 nm 处光密度值；N 为样品稀释倍数；m 为样品重量。

五、注意事项

(1)样品稀释过程中要充分混匀。

(2)检测过程中，保持比色皿洁净。

六、思考题

1. 紫外吸收法测定蛋白质含量的方法有何优缺点？

2. 紫外吸收法测定蛋白质含量受哪些因素的影响和限制？

实验十一　蛋白质的脱盐
——凝胶层析法

一、实验目的

理解凝胶层析法的基本原理与应用;学习凝胶层析技术的基本操作步骤。

二、实验原理

凝胶层析法(gel chromatography)是指利用凝胶分子的分子筛效应,根据被分离物质分子大小和形状不同来进行分离的层析技术,又称为排阻层析(exclusion chromatography)、分子筛层析(molecular sieve chromatography)或凝胶渗透层析(gel permeation chromatography)。凝胶层析具有设备简单、操作方便、重复性好及样品回收率高等特点,既可用于蛋白质、多糖和核酸等生物大分子的分离,也可用于生物大分子相对分子量的检测,还可用于生物大分子的脱盐和浓缩,现已广泛应用于生物化学、分子生物学以及生物制药等领域。

凝胶是一种不带电荷的具有三维网状结构的珠状颗粒,每个凝胶颗粒的细微结构及筛孔的直径均匀一致,类似筛子。当待分离混合物随流动相经过凝胶层析柱时,各组分因分子大小和形状不同,在凝胶中受到的排阻作用有差异,导致各组分在凝胶柱中的迁移速度不同。大分子物质(直径大于筛孔孔径)不能进入凝胶内部,便直接沿着凝胶颗粒的间隙向下移动,移动距离短,移动速度快,最先流出层析柱;小分子物质(直径小于筛孔孔径)则会扩散进入凝胶内部,移动距离长,移动速度慢,因而最后流出层析柱(图 11-1),从而使待分离物质得以分离。

常用于凝胶层析的商品凝胶有葡聚糖凝胶(sephadex)、琼脂糖凝胶(sepharose)以及聚丙烯酰胺凝胶(polyacrylamide gel)。其中葡聚糖凝胶是由葡聚糖交联聚合而成,具有良好的化学稳定性,为最常用的凝胶之一。葡聚糖凝胶具有G10、G15、G25、G50、G75、G100、G150 以及 G200 等多种型号及粗、中、细及超细等多种规格,不同的凝胶分离范围有所不同。其中 G 表示交联度,G 值越小表示交联度越大,膨胀系数越小,凝胶颗粒内部筛孔孔径越小,在实验过程中,需要根据被分离物质的分子大小选择合适型号的凝胶。

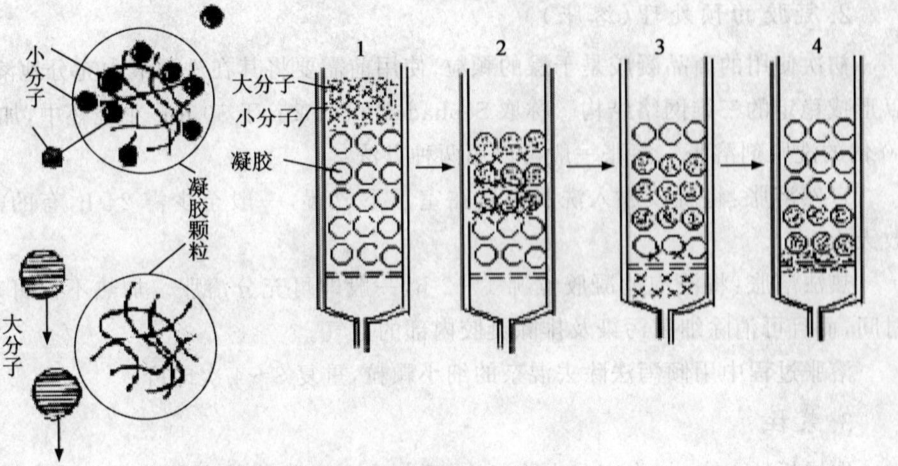

图 11-1　凝胶层析的简单原理

1. 含有大小分子的样品液上柱；2. 样品液流经层析柱，小分子通过扩散作用进入凝胶颗粒的微孔中，而大分子则被排阻于颗粒之外；3. 向层析柱顶加入洗脱液，大小分子分开的距离增大；4. 大分子物质行程较短，已流出层析柱，小分子物质尚在行进之中

三、实验用品

1. 材料

兔血红蛋白。

2. 器材

层析柱(1 cm×20 cm)，胶头滴管，玻璃棒，烧杯(50 mL)等。

3. 试剂

(1)铜离子溶液。取 3.70 g 硫酸铜溶于 10 mL 热蒸馏水中，冷却后稀释至 15 mL，另取柠檬酸钠 17.3 g 及碳酸钠($Na_2CO_3 \cdot H_2O$)10 g 加水 60 mL，加热使之溶解，冷却后稀释至 85 mL，最后把硫酸铜溶液缓缓倾入柠檬酸钠溶液中，混匀。

(2)葡聚糖凝胶 G-50。

四、操作步骤

1. 样品制备

取血红蛋白和铜溶液各 0.5 mL 于小量杯中混匀。

2. 凝胶的预处理(溶胀)

初次使用的商品凝胶是干燥的颗粒,使用前需要将其在洗脱液中充分地溶胀,以形成稳定的三维网络结构。称取 Sephadex G-50 2 g 于 50 mL 小烧杯中,加 5~10 倍的洗脱剂溶胀。溶胀一般可以用两种方法:

自然溶胀:将凝胶放入洗脱剂后在室温下放置,一般至少需 24 h,有的需要数天。

热法溶胀:将浸泡的凝胶煮沸 1~2 h,一般即可充分溶胀。加热不仅可节约时间,而且可消除细菌污染及排除凝胶内部的空气。

溶胀过程中用倾泻法除去混杂的细小颗粒,重复 3~4 次即可。

3. 装柱

取层析柱 1 支,加水充分去除气泡,后加入 1/3 柱床体积的流动相,垂直固定在铁架台上。将已经溶胀的凝胶重悬后,沿管壁小心地灌到柱中,最好一次装完,以免出现不均匀的凝胶带。为此,在装柱时,一要调整好凝胶的稠度,二要打开下端橡皮管上螺旋夹,并调节适当的流速(约每分钟 10 滴)至凝胶沉积约 15 cm 高度即可。操作过程中,为防止气泡与分层现象发生,在整个装柱过程中不能使流动相流干。如表层凝胶凹陷不平时,可关闭出口,用玻璃棒轻轻搅动,再让凝胶自然沉降,凝胶沉积后再打开出口。

4. 加样与洗脱

先打开出口,使洗脱剂(蒸馏水)流出至凝胶面上保留 1~2 mm,用滴管将样品小心加到凝胶床表面上。加样时既不要破坏凝胶表面,也不要沿壁加样(样品易从壁和胶床间流下)。然后打开出口,使样品缓缓深入凝胶后,加入 1~2 mL 蒸馏水(蒸馏水不可多,防止样品稀释)。当此少量蒸馏水将要流干时,反复加入多量蒸馏水进行洗脱。注意勿使柱流干。

5. 收集

加蒸馏水洗脱,当有颜色溶液流出凝胶柱时,用小试管收集洗脱液,观察并记录洗脱过程凝胶柱的颜色变化。收集 6~7 管(2 mL/管),观察试管中溶液的颜色。

6. 凝胶的洗涤与保存

洗脱液收集完毕,用 2~3 倍柱床体积的蒸馏水通过凝胶柱洗干净凝胶,再将凝胶倒入小烧杯,加蒸馏水 10 mL 左右。最后交给老师做进一步处理保存。

五、注意事项

(1)在装柱过程中,勿使胶内或柱底端含有气泡,若有应驱赶出,或重新装柱。

(2)整个操作过程中,勿使柱内凝胶面洗脱剂流干。

(3)实验完毕后,应将处理好的凝胶交给老师,切勿丢弃。

六、思考题

1.简述利用凝胶层析法进行蛋白质脱盐的基本工作原理和操作步骤。

2.利用图或表格形式描述实验中各管收集液,并分析各是什么物质。

3.利用凝胶层析法分离混合样时,怎样才能得到较好的分离效果?

实验十二　血清蛋白质的分离
——醋酸纤维素薄膜电泳法

一、实验目的

理解和掌握电泳技术的一般原理；学习和掌握利用醋酸纤维素薄膜电泳分离血清蛋白质的方法。

二、实验原理

电泳是带电颗粒在电场作用下向着与其电性相反的电极移动的现象。醋酸纤维素薄膜电泳是以醋酸纤维素薄膜作为支持物的电泳技术。醋酸纤维是纤维素的羟基乙酰化形成的纤维素醋酸酯，将它溶于有机溶剂（如丙酮、氯仿、氯乙烯、乙酸乙酯等）后，涂抹在薄薄的聚乙烯面上形成均匀的薄膜，则成为醋酸纤维素薄膜。该膜具有均一的泡沫状结构，渗透性强，对分子移动无阻力，厚度约 120 μm。用此膜为区带电泳的支持物进行蛋白质电泳，具有微量、快速、简便、分辨力高、对样品无拖尾和吸附等优点。目前，该技术广泛应用于血清蛋白、血红蛋白、球蛋白、糖蛋白、脂蛋白、类固醇、同工酶的分离和测定等方面。

本实验以醋酸纤维素薄膜为电泳支持物，分离血清蛋白。血清中含有数种蛋白质，各种蛋白质由于氨基酸组分、立体构象、分子量、等电点及形状不同（表 12-1），在电场中迁移速度不同。分子量小、等电点低、带电荷多、质点直径越小、越接近于球形，在同一 pH 溶液中，泳动速度越快；反之，则越慢。因此，可利用电泳法将它们分离开来。例如，以醋酸纤维素薄膜为支持物，正常人或动物血清在 pH 8.6 的缓冲液体系中电泳 1 h 左右，染色后可显示 5 条区带或 7 条区带，一般 5 条区带。其中清蛋白泳动最快，其余依次为 α_1、α_2、β、γ-球蛋白（图 12-1），这些区带经洗脱后可用分光光度法定量，也可直接进行光吸收扫描，自动绘出区带吸收峰及相对百分比，临床医学常用它们间相对百分比的改变或异常区带的出现作为鉴别诊断的依据。

影响泳动速度的主要因素有：溶液的 pH、电场强度、溶液的离子强度、电渗现象和温度。

表 12-1　血清中 5 种蛋白质的等电点及分子量和百分含量

蛋白质	等电点(pI)	相对分子质量(MW)	百分含量/%
清蛋白	4.88	6 900	51～61
α_1-球蛋白	5.06	200 000	4～5
α_2-球蛋白	5.06	300 000	6～9
β-球蛋白	5.12	90 000～150 000	9～12
γ-球蛋白	6.85～7.56	156 000～300 000	15～20

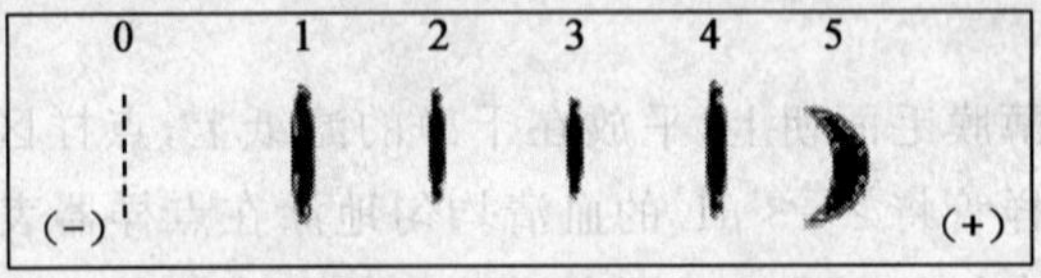

图 12-1　醋酸纤维素薄膜电泳示意图

0 为点样原点；1～5 依次是 γ-球蛋白、β-球蛋白、α_2-球蛋白、α_1-球蛋白、清蛋白

三、实验用品

1. 材料

未溶血的人或动物血清。

2. 器材

醋酸纤维素薄膜(2 cm×8 cm)，电泳仪和电泳槽，培养皿，白瓷盘，镊子，点样器和点样管(自制)，直尺和铅笔，普通滤纸，吹风机。

3. 试剂

(1)巴比妥缓冲液(pH 8.6，离子强度 0.07)。称取巴比妥 2.76 g 和巴比妥钠 15.45 g，溶于少量蒸馏水后定容至 1 000 mL。

(2)染色液。称取氨基黑 10B 0.25 g，甲醇 50 mL，冰醋酸 10 mL，加蒸馏水 40 mL，混匀，在具塞试剂瓶内贮藏(可重复使用)。

(3)漂洗液。取 95%乙醇 45 mL，冰醋酸 5 mL，蒸馏水 50 mL，混匀即得。

(4)透明液。冰醋酸 15 mL 和无水乙醇 85 mL，混匀即得。

四、操作步骤

1. 薄膜的准备

用镊子取醋酸纤维素薄膜一张，放在缓冲液中浸泡约 0.5 h 以上。若漂浮于液面的薄膜在 15～30 s 内迅速润湿，整条薄膜色泽深浅一致，则此膜均匀可用于电泳；若薄膜润湿缓慢，色泽深浅不一或有条纹及斑点，则表示薄膜厚度不均匀应弃去，以免影响效果。薄膜浸透后，用镊子轻轻取出，夹在两层滤纸内吸干，方可用于电泳。

2. 点样

将以上吸干的薄膜毛面朝上，平放在干净的滤纸上，点样区距一端为 1.5 cm 处，点样时，先用点样管将 2～3 μL 的血清均匀地涂在点样器表面(该点样器是由载玻片一端磨成具有斜面而成)，后用点样器上的血清“印”在薄膜的点样区内，注意应使血清均匀分布在点样区，形成具有一定宽度、粗细匀称的直线，切不可用力过大把薄膜弄破，事先可在滤纸上练习点样，掌握点样技术，是获得具有清晰区带电泳图谱的主要环节(图 12-2，图 12-3)。

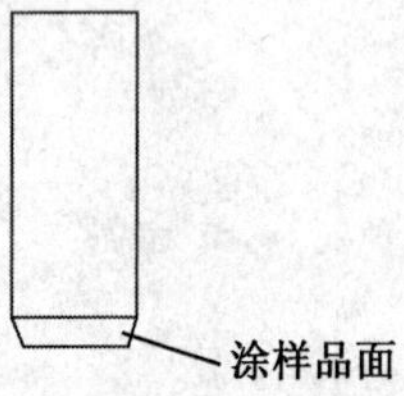

图 12-2 点样器示意图

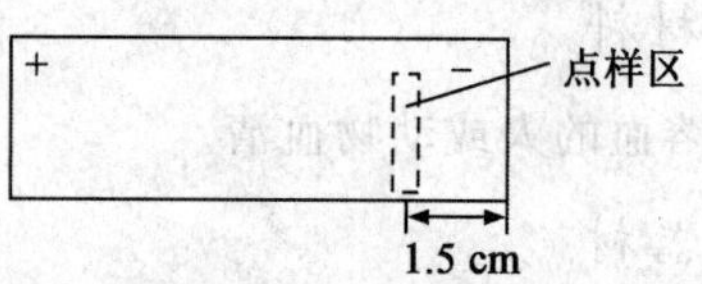

图 12-3 醋酸纤维素薄膜点样位置示意图

3. 电泳

在电泳槽内加入缓冲液，使两个电极槽内的液面等高，将膜条平悬于电泳槽支架的滤纸桥上(此滤纸桥是用尺寸合适的滤纸条，取双层附盖在电泳槽的支架上，使它的一端与支架的前沿对齐，而另一端浸入电泳槽的缓冲液内，使滤纸条紧贴在支架上，即为滤纸桥。它是联系醋酸纤维素薄膜和两极缓冲液之间的“桥梁”)。膜条上点样的一端靠近负极，毛面朝下，盖严电泳室(图 12-4)。通电，调节电压 90～110 V，电流强度 0.4～0.7 mA · cm^{-1} 膜宽，电泳时间为 45～60 min，在电泳过程中应注意控制电压和电流强度，防止过高或偏低。

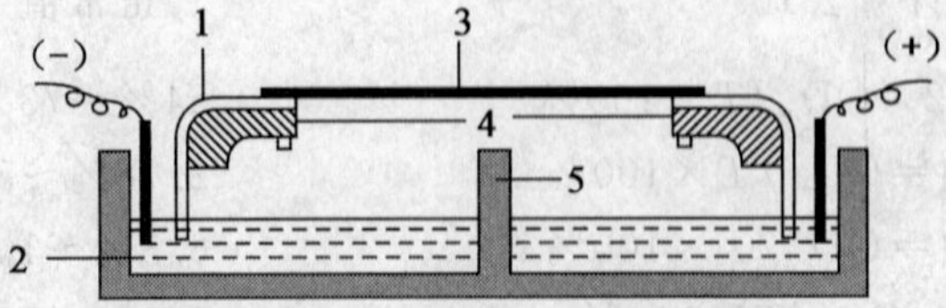

图 12-4 电泳装置剖视示意图

1.滤纸桥;2.电泳槽;3.醋酸纤维素薄膜;4.电泳槽支架;5.电极室中央隔板

4.染色和漂洗

电泳完毕立即取出薄膜,直接浸入染色液中,染色 5 min,取出。先用自来水细水冲洗,再在漂洗液中漂洗,连续更换 3 次漂洗液,可使背景颜色脱去得到色带清晰的电泳图谱。

5.透明

将染色后漂洗干净的薄膜用电吹风吹干后,浸入透明液中 5～6 min 后取出,平贴在玻璃板上,不要存留气泡,放置 5 min 后,用吹风机将膜吹干。用刀片从膜的一角撬起,并划开一端,再用手捏住撬起的膜轻轻撕下,压平。此薄膜透明、区带着色清晰,可用于光吸收计扫描。长期保存不褪色。

6.结果判断与定量

一般血清蛋白电泳经染色后可显示 5 条区带,其排列顺序见图 12-1,未经透明处理的电泳图谱可直接用于定量测定,方法有 2 种。

洗脱法:将显色后的电泳区带依次剪下,并在阴极端剪一块与清蛋白区带面积相同的薄膜作为空白,分别浸于盛有 0.4 mol·L^{-1} NaOH 溶液的试管(清蛋白管加入 4 mL,其余每管各加 2 mL)摇匀,放入 37℃恒温水浴中浸提 30 min,每隔 10 min 摇动一次,以便将色泽完全洗脱下来,然后在 620 nm 波长处比色,测定各管的光密度值为 OD_m、$OD_{\alpha1}$、$OD_{\alpha2}$、OD_β、OD_γ,按下列方法计算血清各组分所占百分率:

计算光吸收值总和(简写为 T):

$$T = 2 \times OD_m + OD_{\alpha1} + OD_{\alpha2} + OD_\beta + OD_\gamma$$

计算血清中各组分相对百分含量:

计算公式	正常值
清蛋白$=2\times OD_m/T\times100\%$	54%～73%
α_1-球蛋白$=OD_{\alpha1}/T\times100\%$	2.78%～5.1%
α_2-球蛋白$=OD_{\alpha2}/T\times100\%$	6.3%～10.6%
β-球蛋白$=OD_\beta/T\times100\%$	5.2%～11%
γ-球蛋白$=OD_\gamma/T\times100\%$	12.5%～20%

光吸收扫描法：将染色干燥的血清蛋白醋酸纤维素薄膜电泳图谱放入自动光吸收扫描仪（或色谱扫描仪）内，未透明的薄膜通过反射、透明的薄膜通过透射方式进行扫描。在记录仪上自动绘出各组分的曲线图：横坐标为模的长度，纵坐标为光吸收值，每个峰代表一种蛋白组分（图 12-5）。同时进行数据处理，以打字的方式显示各组分的相对百分含量。目前，临床检验多采用此法处理数据。

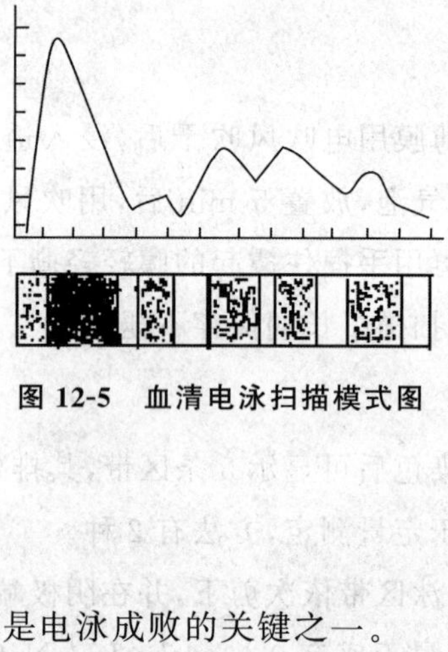

图 12-5　血清电泳扫描模式图

五、注意事项

(1)薄膜的浸润与选膜是电泳成败的关键之一。

(2)点样时，应将薄膜表面多余的缓冲液用滤纸吸去，吸水量以不干不湿为宜。

(3)点样时，动作要轻稳，用力不能太大，以免损坏膜片或印出凹陷影响区带分离效果。

(4)点样时薄膜的毛面向上，点样适量，不宜过多或过少。

(5)电泳时应将薄膜的点样端靠近电泳槽的负极端，且点样面向下。

(6)电泳槽的正、负极应与电泳仪的正、负极分别连接，注意不要接错。

(7)实验中应控制染色时间。时间长，薄膜底色不易脱去；时间太短，着色不易区分，或造成条带染色不均匀，必要时可进行复染。

六、思考题

1. 影响醋酸纤维素薄膜电泳的关键步骤有哪些？为什么？

2. 电泳时为什么应将薄膜的点样端靠近电泳槽的负极端，而不是正极端？

3. 将你做的电泳图谱贴在实验报告上，标出各区带名称，分析结果，并说明为什么这些区带按这种次序排列及对各区带的清晰程度加以分析。

4. 在给出的 pH 下，下述蛋白质在电场中向哪个方向移动？（即向阳极、阴极或不动）填入表中。

卵清蛋白(pI=4.6)，在 pH 5.0；

β-乳球蛋白(pI=5.2)，在 pH 5.0 和 pH 7.0；

糜蛋白酶原(pI=9.1)，在 pH 5.0、pH 9.1、pH 11.0。

蛋白质	pI	pH 5.0	pH 7.0	pH 9.1	pH 11.0
卵清蛋白	4.6				
β-乳球蛋白	5.2				
糜蛋白酶原	9.1				

实验十三 蛋白质亚基分子量的测定
——SDS-聚丙烯酰胺凝胶电泳法

一、实验目的

学习和掌握SDS-聚丙烯酰胺凝胶电泳法测定蛋白质亚基分子质量的原理和方法。

二、实验原理

十二烷基硫酸钠-聚丙烯酰胺凝胶电泳(sodium dodecyl sulphate-polyacrylamide gelelectrophoresis,简称SDS-PAGE)是经典的检测蛋白质亚基相对分子质量的方法之一。SDS是一种阴离子表面活性剂,能作用于蛋白质的疏水性基团,并结合到蛋白质分子上,使蛋白质结构松散变性,对于多亚基蛋白质可使亚基解聚。β-巯基乙醇则是一种强还原剂,它的作用是使蛋白质分子中的二硫键打开并不易再氧化。在蛋白质样品中同时加入SDS和巯基乙醇并加热后,蛋白质分子空间结构会破坏,寡聚蛋白质分子可被解聚成多肽链,形成单链分子。单体蛋白和解聚后的蛋白质亚基能与SDS充分结合,形成带负电荷的蛋白质-SDS复合物。

在SDS浓度大于1 mmol·L^{-1}时,SDS与大多数蛋白质的结合比为1.4∶1。由于十二烷基硫酸根所带负电荷量大大超过了蛋白质分子原有的净电荷量,从而消除了各种蛋白质分子之间的天然电荷差异。SDS与蛋白质结合后,还引起蛋白质构象的改变,SDS-蛋白质复合物在水溶液中的形状近似长椭圆的棒状结构,不同蛋白质与SDS形成的复合物短轴长度都是接近1.8 nm,而长轴长度则随蛋白质分子量的变化成正比例变化。因此SDS-蛋白质复合物在SDS-PAGE中的迁移率不在受蛋白质原有电荷和分子形状的影响,主要取决于蛋白质亚基的分子量大小。当单体蛋白质或蛋白质亚基相对分子量在15～200 ku时,单体蛋白质或亚基的相对分子量的对数与电泳迁移率呈线性关系,可用下式表示:

$$\lg M_w = K - bm_R$$

式中:M_w为单体蛋白质或蛋白质亚基的相对分子量;K为截距;m_R为电泳的相对迁移率;b为斜率。

在一定条件下，K 与 b 均为常数。因此，若用已知分子量的标准蛋白质的迁移率对分子量的对数作图，则可得到一条标准曲线，未知单体蛋白质或蛋白质亚基在相同条件下电泳，根据其电泳迁移率，通过标准曲线即可求得其相对分子量。

SDS-聚丙烯酰胺凝胶电泳法具有仪器简单、操作简便、重复性好等特点，误差一般在±10%以内，用途广泛，除可测定蛋白质亚基的相对分子量之外，还可以用于变性蛋白质的分离、蛋白质分离纯化中各步骤的质量控制等。

三、实验用品

1. 材料

未知分子量的蛋白液。

2. 器材

垂直板电泳槽及附件，直流稳压电泳仪（电压 300～600 V，电流 50～100 mA）；微量移液器，移液管（1 mL、5 mL、10 mL），烧杯（25 mL、50 mL、100 mL），染色缸等。

3. 试剂

(1)30%分离胶贮存液。称取 30 g Acr，0.8 g Bis，加重蒸水至 100 mL，过滤后置棕色瓶于 4℃贮存。

(2)分离胶缓冲液（3.0 $mol \cdot L^{-1}$ Tris-HCl 缓冲液 pH 8.9）。取 1 $mol \cdot L^{-1}$ 盐酸 48 mL，Tris 36.3 g，用蒸馏水溶解后定容至 100 mL。

(3)浓缩胶缓冲液（0.5 $mol \cdot L^{-1}$ Tris-HCl 缓冲液 pH 6.7）。取 1 $mol \cdot L^{-1}$ 盐酸 48 mL，Tris 5.98 g，用蒸馏水溶解后定容至 100 mL。

(4)电泳缓冲液（0.384 $mol \cdot L^{-1}$ Tris-甘氨酸缓冲液 pH 8.3，内含 0.1%的 SDS，0.05 $mol \cdot L^{-1}$ 的 Tris）。称取 Tris 6.0 g，甘氨酸 28.8 g，SDS 1.0g，用蒸馏水溶解后定容至 1 000 mL。

(5)样品溶解液。取 SDS 100 mg，巯基乙醇 0.1 mL，甘油 1 mL，溴酚蓝 2 mg，0.2 $mol \cdot L^{-1}$ pH 7.2 磷酸缓冲液 0.5 mL，加重蒸水至 10 mL。

(6)染色液。1.25 g 考马斯亮蓝 R-250，加入 454 mL 50%甲醇溶液和 46 mL 冰乙酸，过滤后使用。

(7)脱色液。冰乙酸 75 mL，甲醇 50 mL，加蒸馏水定容至 1 000 mL。

(8)10% 过硫酸铵溶液。称取过硫酸铵 1 g，用蒸馏水溶解定容至 100 mL。

(9)10% SDS 溶液。称取 SDS 1 g，用蒸馏水溶解定容至 100 mL。

(10)TEMED 原液。

(11)低相对分子质量标准蛋白溶液。组分为兔磷酸化酶 B(97 400),牛血清蛋白(66 200),鸡卵清蛋白(42 700),牛碳酸酐酶(31 000),鸡蛋清溶菌酶(14 000)。

四、操作步骤

1. 安装电泳槽

按照电泳槽的使用说明安装电泳槽。将垂直板电泳槽附件内的凝胶模具取出,将玻璃板洗净、晾干,加好密封条,嵌入电泳槽中,形成“夹心”凝胶板,预备灌胶。

2. 制备凝胶板

(1)分离胶制备。根据待分离样品的分子大小,选用一定浓度的分离胶,按照表 13-1 配制凝胶混合液。本实验选用的分离胶浓度为 12%,混合后的凝胶溶液,用细长头的吸管加至长、短玻璃板间的窄缝内,加胶高度距样品模板梳齿下缘约 1 cm。用吸管在凝胶表面沿短玻璃板边缘轻轻加一层超纯水(3～4 cm),用于隔绝空气,使胶面平整。分离胶聚合后,可看到水与凝固的胶面有折射率不同的界限。待胶凝固后,倒掉重蒸水,用滤纸吸去多余的水。

表 13-1 SDS 不连续系统分离胶的配方

溶液成分	10 mL 凝胶液中各成分所需体积(c=3%)				
	T=6%	T=7.5%	T=10%	T=12%	T=15%
蒸馏水/mL	5.3	4.8	4.0	3.3	2.3
30%的凝胶贮存液/mL	2.0	2.5	3.3	4.0	5.0
分离胶缓冲液贮存液/mL	2.5	2.5	2.5	2.5	2.5
	溶液真空抽气 15 min				
10%SDS/mL	0.1	0.1	0.1	0.1	0.1
10%AP/μL	50	50	50	50	50
TEMED/mL	8	6	4	4	4

(2)浓缩胶制备。根据所测定的蛋白质相对分子量的范围,选择相应的浓缩胶的浓度,本实验中选择的浓缩胶浓度为 3%。取浓缩胶贮存液 3.0 mL,Tris-HCl 缓冲液(pH 6.7)1.25 mL,10%的 SDS 0.1 mL,TEMED 5 μL,5.60 mL 重蒸水,10% 过硫酸铵 50 μL,用磁力搅拌器充分混匀。混合均匀后用细长头的吸管将凝胶溶液加到长短玻璃板的窄缝内(即分离胶上方),距短玻璃板上缘 0.5cm 处,轻轻加入样品模板槽。待浓缩胶凝固后,轻轻取出样品模槽板,用手夹住两块玻璃

板，上提斜插板，使其松开，然后取下玻璃胶室去掉密封用胶框，用1%电泳缓冲液琼脂胶密封底部，再将玻璃胶室凹面朝里置入电泳槽。插入斜插板，将电泳缓冲液加至内槽玻璃凹口以上，外槽缓冲液加到距平玻璃上沿3 mm处。

3. 样品处理

各标准蛋白及待测蛋白都用样品溶解液溶解，若待测样品是溶液，可用较高浓度的样品溶液（2×或4×），按照比例与待测样品混合，使浓度为0.5 mg·mL^{-1}，沸水浴加热3～5 min，冷却至室温备用。处理好的样品液如经长期存放，使用前应再在沸水浴中加热1 min，以消除亚稳态聚合。

4. 加样

一般加样体积为10～15 μL（即2～10 μg蛋白质）。如样品较稀，可增加加样体积。用微量移液器小心将样品通过缓冲液加到凝胶凹形样品槽底部，每加完一个样品应更换移液器枪头，最后在所有不用的样品槽中加上等体积的样品溶解液，待所有凹形样品槽内都加了样品，即可开始电泳。

5. 电泳

将直流稳压电泳仪开关打开，开始时将电流调至10 mA。待样品进入分离较时，将电流调至20～30 mA。当蓝色染料迁移至底部时，将电流调回到零，关闭电源。拔掉固定板，取出玻璃板，用刀片轻轻将一块玻璃撬开移去，在胶板一端切除一角作为标记，将胶板移至大培养皿中染色。

6. 染色

将染色液倒入培养皿中，染色1～4 h。

7. 脱色

用蒸馏水漂洗数次，再用脱色液脱色，直到蛋白区带清晰，即可计算相对迁移率，见图13-1。

8. 相对分子量计算

通常以相对迁移率R_f来表示迁移率，计算如下：

$$R_f=样品移动距离(mm)/溴酚蓝移动距离(mm)$$

以各标准蛋白质样品迁移率作横坐标，分子量的对数作纵坐标。在半对数坐标纸上作图，得到标准曲线，根据待测样品的相对迁移率从标准曲线上查出分子量。

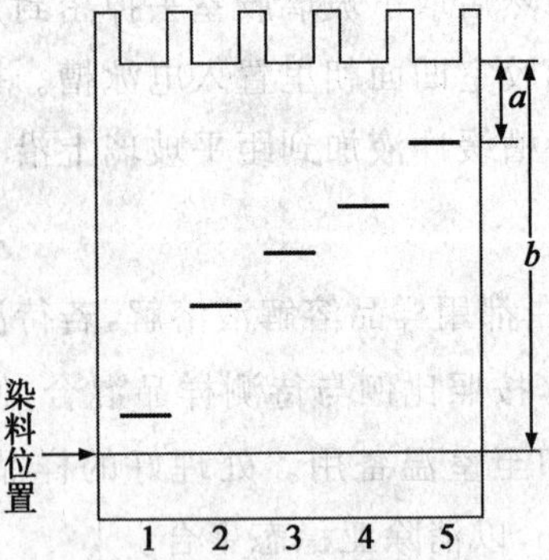

图 13-1 SDS-PAGE 图谱

a. 电泳条带移动的距离；b. 溴酚蓝移动的距离

五、注意事项

(1)凝胶配制过程要迅速，催化剂 TEMED 要在注胶前再加入，否则凝胶凝结无法注胶。注胶过程最好一次性完成，避免产生气泡。

(2)样梳需一次平稳插入，梳口处不得有气泡，梳底需水平。

(3)加样时移液器不可过低，以防刺破胶体，也不可过高，防止样品下沉时会发生扩散。为避免边缘效应，最好选用中部的孔注样。

(4)不是所有的蛋白质都可以利用 SDS-PAGE 的方法来测定相对分子量，带有较大辅基的蛋白质(如某些糖蛋白)以及一些结构蛋白(乳胶原蛋白)等用这种方法测出的相对分子量是不可靠的。因此，在分析 SDS-PAGE 的结果时，不能盲目下结论，一般至少用两种以上的方法来测定未知蛋白的分子量，以相互验证。

六、思考题

1. 在不连续体系 SDS-PAGE 中，当分离胶加完后，需在其上加一层水，为什么？

2. 电极缓冲液中甘氨酸的作用是什么？

3. 在不连续体系 SDS-PAGE 中，分离胶与浓缩胶中均含有 TEMED 和 AP，试述其作用。

4. 样品液为何在加样前需在沸水中加热几分钟？

实验十四　酶的化学特性

一、实验目的

了解酶的化学特性，掌握研究酶特异性的原理和实验方法。

二、实验原理

酶是活细胞产生的，具有蛋白质性质的“生物催化剂”，绝大多数生物化学反应都是在酶作用下进行的。

本实验就是通过 3 个小实验的具体实践事例，认识作为有机催化剂的酶的一些基本特性—蛋白质本质，催化特性，酶催化作用的专一性。

(1)酶的蛋白质本质。酶的化学本质是蛋白质，这可以用双缩脲反应来说明。因为普通蛋白质都具有双缩脲反应，如酶也是蛋白质，那么酶也应该产生双缩脲反应，因此双缩脲反应就成为验证酶的蛋白质本质最基本的方法之一。

将尿素加热至 180℃则两分子尿素缩合生成一分子双缩脲并放出一分子氨。在碱性溶液中，双缩脲与硫酸铜结合生成紫红色复合物，这呈色反应称为双缩脲反应。

(2)酶的催化作用。酶是有机催化剂，生物体内不断进行的化学变化，绝大多数是在酶的催化下进行的。没有酶，这些反应就不能发生或者速度极其缓慢。例如生物体内进行的尿素分解反应，必须在脲酶催化下进行，否则不能发生。脲酶广泛分布于多种细菌、高等植物及动物部分组织中，其中以刀豆含量最高（达 0.15%），脲酶只能作用尿素，使尿素水解。其反应如下：

$$O{=}C(NH_2)_2 + H_2O \xrightarrow{\text{脲酶}} 2NH_3\uparrow + CO_2$$

NH_3 的生成与否就可了解脲酶催化作用的有无。测定 NH_3 可用奈斯勒比色法，尿素水解产生的 NH_3 可以和奈斯勒试剂反应生成橙黄色的化合物碘化双汞铵。其反应如下：

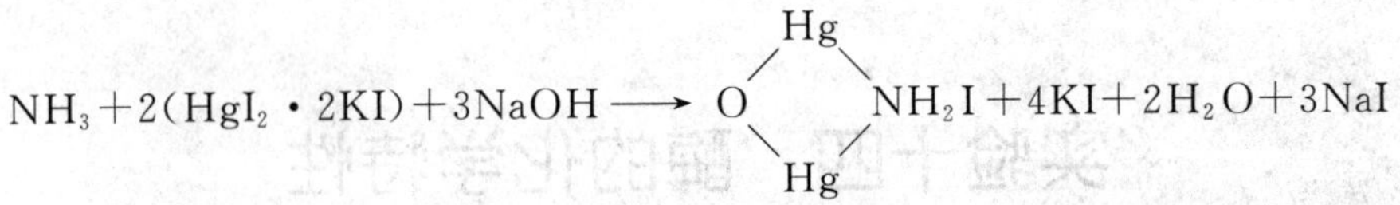

根据生成碘化双汞铵量的多少，或其颜色的深浅，可判断脲酶作用产生氨的多少以及反应进行的程度。

(3)酶催化专一性。酶具有催化专一性，即每一种酶只作用一种或一组相似的物质。如唾液淀粉酶能水解淀粉，生成有还原性的麦芽糖，但不能水解蔗糖，蔗糖酶能水解蔗糖，生成有还原性的果糖和葡萄糖，而不能水解淀粉。

三、实验用品

1. 材料

鸡蛋，鲜酵母，刀豆，唾液等。

2. 器材

大试管，小试管，移液管，试管架，恒温水浴锅，量筒，温度计。

3. 试剂

(1)10%NaOH。10 g NaOH 溶于蒸馏水稀释至 100 mL。

(2)1%$CuSO_4$。1 g $CuSO_4$ 溶于蒸馏水稀释至 100 mL。

(3)0.25%胰蛋白酶及 0.25%胃蛋白酶。

(4)1.25%卵清蛋白质溶液。

(5)1%淀粉液。将 1 g 可溶性淀粉及 0.5 g NaCl 混悬于 5 mL 蒸馏水中，搅动后缓慢倒入沸腾的 60 mL H_2O 中，搅动煮沸 1 min，晾至室温后加 H_2O 至 100 mL，放置于冰箱贮存。

(6)2%蔗糖溶液。实验用的蔗糖至少是分析纯的试剂，要现用现配。

(7)蔗糖酶溶液。取 1 g 新鲜酵母放入研钵中，加少量石英砂和蒸馏水，研磨 10 min 左右，用蒸馏水稀释至 50 mL，静止片刻再过滤，滤液即为蔗糖酶液，将蔗糖酶液保存于冰箱中备用。

(8)唾液淀粉酶。1 mL 唾液+9 mL 蒸馏水稀释。

(9)班氏试剂。将 17.3 g 硫酸铜溶解于 100 mL 蒸馏水中，加热，冷却后稀释至 150 mL，取柠檬酸钠 173 g 及碳酸钠($Na_2CO_3 \cdot H_2O$)100 g 加水 600 mL，加热使之溶解，冷却后稀释至 850 mL，最后把硫酸铜溶液缓缓倾入柠檬酸钠-碳酸钠溶液中，边加边搅拌。如有沉淀可过滤，此试剂可长期保存。

(10)奈斯勒试剂。3.5 g KI 和 1.3 g $HgCl_2$，溶解于 70 mL 水中，然后加入 30 mL 4 mol · L^{-1} NaOH（或 KOH）溶液，必要时过滤，并保存于关紧的玻璃瓶中。

(11)1%脲酶液（或 0.2%刀豆粉）。

(12)1%尿素液。

(13)1%含 NaF 的尿素液。每 100 mL 尿素液中加 0.5 g NaF。

(14)磷酸缓冲液（1/15 mol · L^{-1}）。按表 14-1 配制。

表 14-1　磷酸氢二钠-磷酸二氢钠缓冲液（1/15 mol · L^{-1}）

pH	5.4	5.6	5.8	6.0	6.2	6.4	6.6	6.8	7.0	7.2	7.4	7.6	7.8	8.0
A/mL	9.7	9.5	9.22	8.8	8.15	7.35	6.25	5.0	3.89	2.85	1.96	1.32	0.86	0.55
B/mL	0.3	0.5	0.78	1.2	1.85	2.65	3.75	5.0	6.11	7.15	8.04	8.68	9.14	9.45

A. $NaH_2PO_4 \cdot 2H_2O$ 10.402 0 g · L^{-1}；B. $Na_2HPO_4 \cdot 2H_2O$ 11.870 0 g · L^{-1}。

四、操作步骤

1. 酶的蛋白质本质

取 3 支洁净试管，标明 1、2、3 记号，按表 14-2 进行实验操作，并将各管产生的颜色填入表 14-2 中。

表 14-2　鉴定酶的蛋白质本质

管号	胰蛋白酶溶液	胃蛋白酶溶液	卵清蛋白酶溶液	10% NaOH	1% $CuSO_4$	实验结果（颜色）
1	2 mL			2 mL	5 滴	
2		2 mL		2 mL	5 滴	
3			2 mL	2 mL	5 滴	

2. 酶的催化作用

取试管 10 支，分别标明 1、2、3、4、5 和 1′、2′、3′、4′、5′等号码（即每套各 5 支）。各注入奈斯勒试剂 1 mL，放在试管架上待用。

另取 2 支大试管，注明Ⅰ、Ⅱ记号分别按表 14-3 加入溶液。

再取 1 支小试管装脲酶液 10 mL，然后将盛脲酶液的这支试管和盛有基质液的Ⅰ号、Ⅱ号大试管都移入恒温水浴中(37℃),待溶液温度与水浴平衡后(5 min)再进行下一步实验。

表 14-3 鉴定酶的催化作用时各试剂用量 mL

管号	作用	1%尿素液	1%含 NaF 尿素液	磷酸缓冲液(pH=7)
Ⅰ	正常催化作用	8	—	12
Ⅱ	去活化作用	—	8	12

以上小试管的脲酶液和Ⅰ、Ⅱ号管基质液在 37℃恒温水浴中平衡 5 min 后,向正常催化管(Ⅰ号大试管)加取自小试管脲酶液 4 mL,随即摇匀,并立即从Ⅰ号大试管取出反应液 4 mL 注入 1 号小试管,以后每隔 4 min 取出 4 mL 分别注入 2、3、4、5 号小试管,立即摇匀,然后放置令其显色 10 min,进行目测比色。

将在 37℃恒温水浴中平衡的小试管脲酶液,取出 4mL 加在Ⅱ号大试管中,充分摇匀,并立即从Ⅱ号大试管中取出反应液 4mL 注入 1′号小试管,以后每隔 4 min,抽出反应液 4 mL 分别注入 2′、3′、4′、5′号小试管,立即摇匀,同样放置 10 min,令其显色,进行目测比色(操作全过程如图 14-1 所示)。

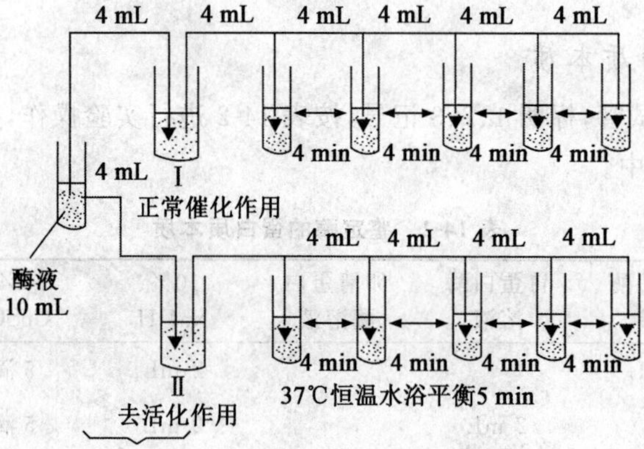

图 14-1 酶的催化作用实验操作

3. 酶催化作用的专一性

取试管 5 支,分别按表 14-4 加入下列试剂。

表 14-4　鉴定酶的专一性时各试剂用量

试　剂	管号 1	2	3	4	5
1%淀粉液/mL	2	0	0	0	2
2%蔗糖液/mL	0	2	2	2	0
蔗糖酶液	0	0	0	1	1
1∶10 稀唾液	1	1	0	0	0
蒸馏水	0	0	1	0	0
	各管分别充分混匀，置 37℃恒温水浴中 10 min				
班氏试剂	1	1	1	1	
	置沸水浴中数分钟				
有无砖红色 Cu_2O 产生					

五、注意事项

(1)各酶液适时放冰箱保存，以防失活；稀释后的脲酶液应立即使用，否则活力丧失极大。

(2)吸取试剂的各移液管切勿混用。

六、思考题

1. 什么叫双缩脲反应？写出反应式，为什么酶也具有双缩脲反应？
2. 正常催化作用 5 支小试管中的颜色是渐渐变深，还是渐渐变浅？为什么？
3. 去活化作用 5 支小试管中的颜色有无变化？为什么？
4. 酶催化作用专一性的实验中，几支试管的颜色有什么不同？为什么？

实验十五　米氏常数(K_m)和最大反应速率(V_{max})的测定

一、实验目的

了解底物浓度对酶促反应速度的影响，掌握米氏常数(K_m)和最大反应速率(V_{max})的测定原理和测定方法。

二、实验原理

在温度、pH及酶浓度恒定的条件下，底物浓度对酶的催化作用有很大的影响(图15-1)。当底物浓度较低时，酶促反应速度V随底物浓度$[S]$的增高而显著加快，随着底物浓度渐高，反应速度加快程度渐小，当底物浓度增加一定程度以上时，再增高底物浓度，反应速度亦不再增加，成为该条件下极限最大反应速度V_{max}。

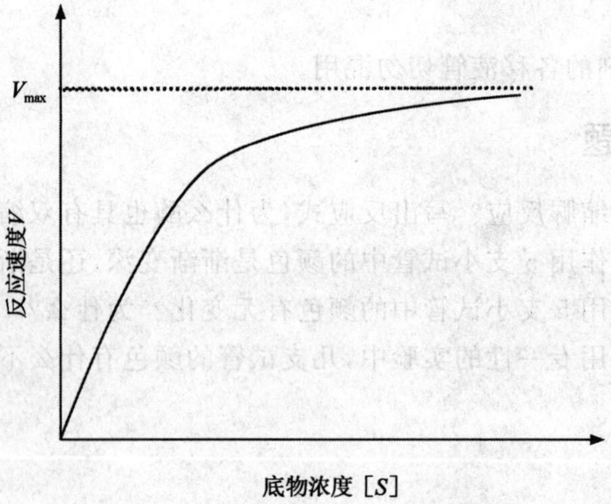

图15-1　底物浓度对酶促反应速度的影响

底物浓度与反应速度的这种关系可用Michaelis-Menten方程式表示：

$$\nu=\frac{V_{max}[S]}{K_m+S[S]}$$

式中：v 为反应速度；K_m 为米氏常数；V_{max} 为酶反应最大速度；$[S]$为底物浓度。

从米氏方程式可见：米氏常数 K_m 等于反应速度达到最大反应速度 1/2 时的底物浓度，米氏常数的单位就是浓度单位（$mol \cdot L^{-1}$ 或 $mmol \cdot L^{-1}$）。

在酶学分析中，K_m 是酶的一个基本特征常数，它包含着酶与底物结合和解离的性质。K_m 与底物浓度、酶浓度无关，与 pH、温度、离子强度等因素有关。对于每一个酶促反应，在一定条件下都有其特定的 K_m 值，因此可用于鉴别酶。

测定 K_m、V_{max}，一般用作图法（图 15-2）求得。作图法有很多，最常用的是 Linewaver-Burk 作图法，该法是根据米氏方程的倒数形式，以 $1/V$ 对 $1/[S]$作图，可得到一条直线。直线在横轴上的截距为 $-1/K_m$，纵截距为 $1/V_{max}$，可求出 K_m 与 V_{max}。

$$\frac{1}{V}=\frac{K_m}{V_{max}}\cdot\frac{1}{[S]}+\frac{1}{V_{max}}$$

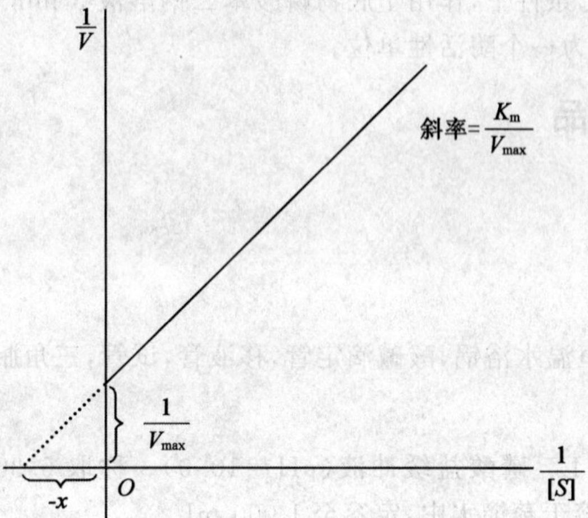

图 15-2　双倒数作图法

本实验以碱性磷酸酶为例。碱性磷酸酶（AKP）主要存在于骨、肝、肾及肠中。它的最适 pH 在 9～10 之间。在碱性条件下使之作用于底物溶液中的磷酸苯二钠，生成酚和磷酸盐，酚在碱性溶液中与 4-氨基安替比林（APP）作用，经铁氰化钾氧化生成红色醌的衍生物，根据颜色深浅于 510 nm 波长处比色测定，测知酚的生成量，计算出酶的活性。其反应式如下：

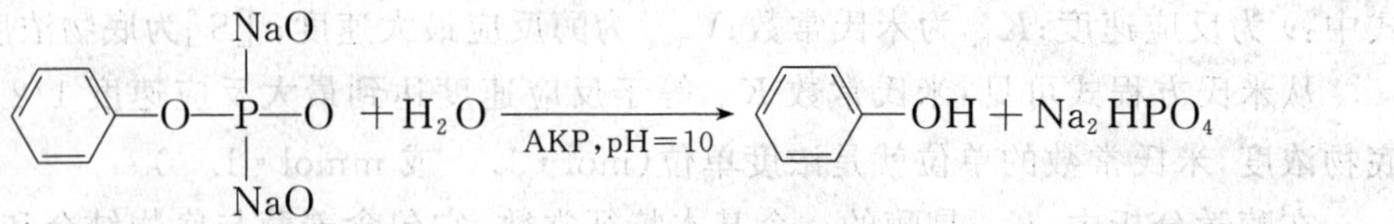

磷酸苯二钠　　　　酚　　　　磷酸氢二钠

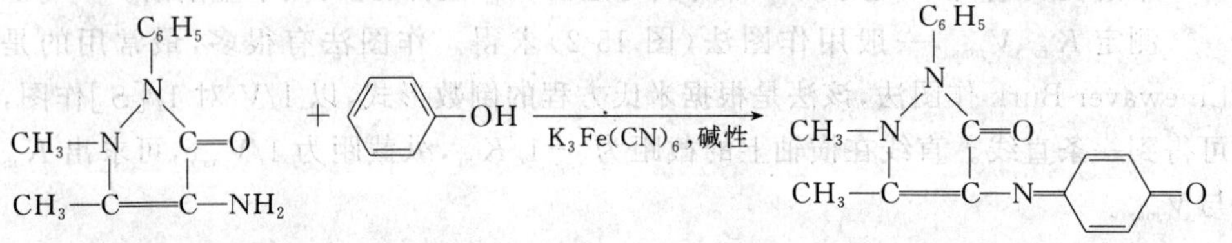

4-氨基安替比林　　　酚　　　　酚类衍生物(红色)

实验规定:37℃条件下,作用于底物磷酸苯二钠溶液 5 min 生成 1 mg 酚所需要的碱性磷酸酶量为一个酶活性单位。

三、实验用品

1. 材料

碱性磷酸酶。

2. 器材

分光光度计,恒温水浴锅,酸碱滴定管,移液管,试管,三角瓶等。

3. 试剂

(1)0.1 $mol \cdot L^{-1}$ 磷酸盐缓冲液(pH＝10.0)。称取 6.36 g 无水碳酸钠和 3.36 g 碳酸氢钠,溶于蒸馏水中,定容至 1 000 mL。

(2)40 $mmol \cdot L^{-1}$ 底物溶液。称取磷酸苯二钠 11.56 g($C_6H_5PO_4Na_2 \cdot 2H_2O$)或者磷酸苯二钠(无结晶水)8.72 g,用煮沸后冷却的蒸馏水溶解,并定容至 1 000 mL,加几滴氯仿(三氯甲烷)防腐,贮于棕色瓶中,此液只能用一周,如放置过久可能导致空白管吸光度增高。

(3)0.1 $mg \cdot mL^{-1}$ 酚标准溶液。

(4)酶液。称取 5.0 mg 碱性磷酸酶,用 pH 8.8 Tris-醋酸缓冲液配成 100 mL,冰箱中保存。

(5)0.5 $mol \cdot L^{-1}$ 氢氧化钠溶液。

(6)0.3% 4-氨基安替比林(APP)溶液。称取 0.3 g 4-氨基安替比林(APP)及

4.2 g 硫酸氢钠，用蒸馏水溶解定容至 100 mL，贮于棕色瓶中，冰箱保存。

(7)0.5% 铁氰化钾溶液。称取 0.5 g 铁氰化钾和 15 g 硼酸，各溶于 400 mL 蒸馏水中，溶解后两液混合，并以蒸馏水定容至 1 000 mL，贮棕色瓶中暗处保存。

四、操作步骤

1. 酶促反应

取试管 8 支，按表 15-1 操作。

表 15-1　酶促反应的操作步骤

试剂/mL	管号							
	1	2	3	4	5	6	空白	对照
40 $mmol \cdot L^{-1}$ 底物溶液	0.1	0.2	0.3	0.4	0.8	1.0	—	—
pH 10.0 磷酸盐缓冲液	0.9	0.9	0.9	0.9	0.9	0.9	0.9	0.9
蒸馏水	0.9	0.8	0.7	0.6	0.2	—	1.0	1.0
37℃水浴保温 5 min								
0.1 $mg \cdot mL^{-1}$ 酚标准液	—	—	—	—	—	—	—	0.1
酶液	0.1	0.1	0.1	0.1	0.1	0.1	0.1	
充分摇匀，37℃水浴精确保温 5 min								
0.5 $mol \cdot L^{-1}$ 氢氧化钠溶液	1.0	1.0	1.0	1.0	1.0	1.0	1.0	1.0
0.3% APP 溶液	1.0	1.0	1.0	1.0	1.0	1.0	1.0	1.0
0.5%铁氰化钾溶液	2.0	2.0	2.0	2.0	2.0	2.0	2.0	2.0
充分摇匀，室温放置 10 min								
$OD_{510\ nm}$								

2. 结果处理

计算各管底物浓度($mmol \cdot L^{-1}$)＝底物浓度×加入底物液量/酶反应总液量＝40×加入底物液量/2.0＝20×加入底物液量。

计算各管酶活性单位代表反应速度(V)。

各管酶活性单位＝样品 $OD_{510\ nm}$/对照 $OD_{510\ nm}$×0.01。

计算各管 $1/V$ 和 $1/[S]$。

作图：以 $1/[S]$为横坐标，$1/V$ 为纵坐标，在坐标纸上准确画出各管坐标点，连接各点画出直线，向左延长此线与横坐标轴相交于$-1/K_m$点，由此计算出该酶的K_m、V_{max}值。

五、注意事项

(1)实验操作过程中吸量应准确，反应时间应严格控制。

(2)酶和底物应预先分别保温数分钟。

六、思考题

1. K_m 值的物理意义是什么？

2. 为什么要用酶促反应的初速度计算 K_m 值？

实验十六 酶的竞争性抑制作用
——琥珀酸脱氢酶

一、实验目的

掌握测定琥珀酸脱氢酶活性的简易方法及原理；了解丙二酸对琥珀酸脱氢酶的竞争性抑制作用。

二、实验原理

琥珀酸脱氢酶是三羧酸循环中一个重要的酶，它广泛存在于动物心肌、肝脏、骨骼肌等组织和植物及微生物中。测定组织细胞中有无琥珀酸脱氢酶活性，可以初步鉴定三羧酸循环途径是否存在。

琥珀酸脱氢酶能使琥珀酸脱氢生成延胡索酸，并将脱下的氢交给受氢体。用甲烯蓝作受氢体时，氧化型甲烯蓝（蓝色）被还原生成无色的还原型甲烯蓝（又叫甲烯白）。其反应式如下：

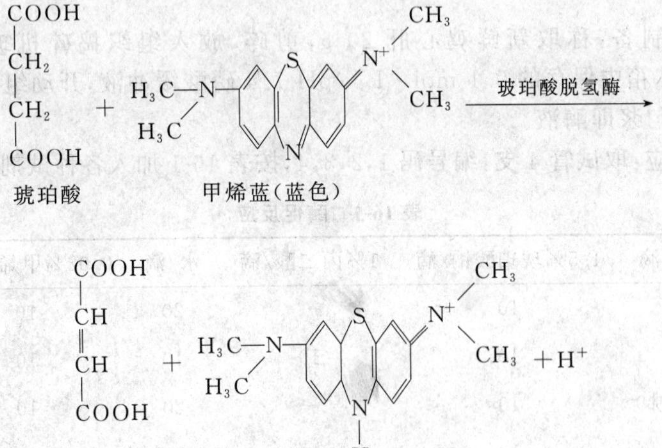

延胡索酸　　甲烯白（白色）

丙二酸与琥珀酸结构相似，是琥珀酸脱氢酶的竞争性抑制剂。琥珀酸脱氢酶活性越高，甲烯蓝脱色所需时间越短。因此，甲烯蓝脱色所需时间的倒数可用来表示琥珀酸脱氢酶的活性。

由于甲烯蓝容易被空气中的氧所氧化，所以实验需在无氧情况下进行。常用Thunberg(邓氏)管法，抽去空气进行。本实验采用简化法，用一般试管加液体石蜡封闭反应液，制造无氧环境，这样可不用抽真空设备。

三、实验用品

1. 材料

新鲜鸡心或鸡肝，发芽黄豆。

2. 器材

试管及试管架，解剖剪刀，滴管，组织捣碎机(或研钵)，恒温水浴锅。

3. 试剂

(1)0.2 mol·L^{-1} 磷酸缓冲液(pH 7.4)。取 0.2 mol·L^{-1} NaH_2PO_4 溶液 19 mL 和 0.2 mol·L^{-1} Na_2HPO_4 溶液 81 mL 混合而成。

(2)1.5%或 1/50 mol·L^{-1} 琥珀酸钠溶液；1%丙二酸钠溶液；0.02%甲烯蓝溶液(即 1∶5 000)；液体石蜡；0.87% K_2HPO_4。

四、操作步骤

1. 方法一

酶液的制备：称取新鲜鸡心肝 20 g，剪碎，放入组织捣碎机玻璃杯中，加 100 mL 在冰箱中保存的 0.1 mol·L^{-1} pH 7.4 磷酸缓冲液，开动组织捣碎机，约 3 min，搅成匀浆即酶液。

酶促反应：取试管 4 支，编号码 1,2,3,4，按表 16-1 加入各种试剂。

表 16-1 酶促反应

管号	酶液/滴	1.5%琥珀酸钠/滴	1%丙二酸/滴	水/滴	0.02%甲烯蓝/滴	结果
1	10	10	—	20	10	
2	10	10	10	10	10	
3	10(煮沸)	10	—	20	10	
4	—	10	10	20	10	

2. 方法二

酶液的提取：称取黄豆芽(子叶部分)3 g 于研钵内，加石英砂少许，2 mL

0.87% K_2HPO_4 溶液共同研磨至浆状，然后再加 10 mL K_2HPO_4 溶液，混匀，静置 30 min 后过滤，弃去残渣，滤液即为酶液。

测定：严格按表 16-2 顺序配制各管。

表 16-2　脱氢酶相对活力测定

管号	琥珀酸钠 /mL	pH 6.0 磷酸缓冲液/mL	丙二酸 /mL	甲烯蓝 /mL	酶液 /mL		记录完全褪色时间/min
1	2	2	0.5	1	4	各管立即摇匀，液体石蜡封口不能摇动，37℃水浴保温计时，观察三管颜色变化	
2	2	2.5	0	1	4		
3	2	2.5	0	1	4 煮沸并冷却		

3. 结果处理

根据 2 号管的褪色时间计算琥珀酸脱氢酶活力。

$$\text{脱氢酶相对活力}(\text{mg}\cdot\text{g}^{-1}\cdot\text{h}^{-1})=\frac{\dfrac{\text{甲烯蓝浓度}/(\text{mg}\cdot\text{mL}^{-1})\times\text{甲烯蓝用量}/\text{mL}}{\text{酶液用量}/\text{mL}}\times\text{酶液总量}/\text{mL}}{\text{植物材料重}/\text{g}\times\dfrac{\text{作用时间}/\text{min}}{60}}$$

五、注意事项

(1)第 3 管所加酶液需在沸水浴煮沸，以使酶完全失活。

(2)观察甲烯蓝变色时，不能摇动试管，以免空气进入反应液，干扰实验结果。

六、思考题

1. 丙二酸对琥珀酸脱氢酶是否有干扰？为什么？
2. 在本实验中为什么要加石蜡油？为什么将第 2 支试管摇动后又重现蓝色？
3. 若向第 1 支试管补加琥珀酸钠，会发生什么现象？为什么？
4. 说明实验中各管的变色情况，并加以解释。

实验十七 植物过氧化物酶同工酶的分离、鉴定——等电聚焦电泳法

一、实验目的

了解和掌握等电聚焦电泳的基本原理，熟练掌握等电聚焦电泳分析植物过氧化物酶同工酶的技术。

二、实验原理

过氧化物酶是植物体内普遍存在的、活性较高的一种酶，与植物的呼吸作用、光合作用及生长素的氧化等都有关系。随着植物的生长发育过程，过氧化物酶的活性不断发生变化。一般老化组织中活性较高，幼嫩组织中活性较弱。通过测定过氧化物酶的活性或其同工酶，可以反映某一时期植物体内代谢的变化。此外，过氧化物同工酶在遗传育种中的重要作用也正在受到重视。

同工酶是指生物体中催化同一种化学反应，而酶的结构、理化性质乃至免疫性质却有所不同的一组酶。植物在发育过程的不同的生长时期，所含同工酶的种类和比例都不相同，它们与植物的遗传、生长发育、代谢调节及抗性等都有一定关系。

等电聚焦电泳(isoelectric focusing，简称 IEF)是 1966 年建立的一种高分辨率的蛋白质分析及制备技术。它的基本工作原理是在一个稳定的、连续的、线性的 pH 梯度中，根据蛋白质分子或其他两性分子的等电点的不同而进行分析和制备。

蛋白质分子是典型的两性电解质分子。在大于其等电点的 pH 环境中，蛋白质解离成带负电荷的阴离子，向电场的正极泳动；在小于其等电点的 pH 环境中，蛋白质则解离成带正由荷的阳离子，向电场的负极泳动。将各种具有不同等电点的蛋白质混合样品在一个有 pH 梯度的环境中进行电泳时，在电场的作用下，各种蛋白质分子根据其各自等电点的大小在 pH 梯度中的相对应的位置进行聚焦，经过一定时间的电泳后，具有不同等电点的蛋白质分子便分别聚焦于不同的位置。这种根据等电点的大小差异，蛋白质分子或其他两性分子在 pH 梯度的某一相应位置进行聚焦的现象称为“等电聚焦”。等电聚焦的特点在于利用一种称为两性电解质载体的物质以便在电场中构成连续的 pH 梯度，使蛋白质或其他具有两性电解质性质的样品进行聚焦，从而实现分离、测定和鉴定的目的。

等电聚焦电泳必须满足以下条件：一是有一个在电泳条件下基本稳定、重复性良好的 pH 梯度；二是有一个抗对流的电泳材料，使已经分离的样品不再重新混合；三是电泳后有适当的方法来鉴定分离的区带。实验采用的两性电解质载体，实际上是一系列多羧基多氨基脂肪族化合物，他们具有相近但不同的 pK_a 和 pI 值。常用的两性电解质为 Ampholine 或 Pharmalyte，在直流电场的作用下，两性电解质可形成一个从正极到负极的 pH 逐渐升高的、平滑的、连续的 pH 梯度。分析等电聚焦一般采用聚丙烯酰胺凝胶或琼脂糖凝胶作为抗对流的支持介质，两性电解质在直流电场作用下于凝胶板内形成 pH 梯度。聚焦后的检测方法包括考马斯亮蓝染色等各种染色法、扫描与定量以及滴定曲线分析等其他检测方法。

等电聚焦电泳因其分辨力高、重复性好、样品容量大、操作简便迅速等优点，在生物化学、分子生物学及临床医学研究中具有广泛的应用。但等电聚焦电泳要求用无盐溶液，而在无盐溶液中蛋白质可能发生沉淀；等电聚焦电泳样品中的成分必须停留在其 pI，不适用在 pI 不溶或发生变性的蛋白质。

本实验采用薄层(0.5 cm)分析等电聚焦，是等电聚焦中的高分辨技术。聚焦后的过氧化物酶同工酶可经染色确定位置。过氧化物酶能够催化过氧化氢使联苯胺氧化生成蓝色或棕色产物，据此即可将该酶在凝胶中进行显色定位。等电聚焦电泳技术分离过氧化物酶同工酶时，由于采用了广谱范围(pH 3.5～11.0)的分析，不但全面准确，而且还能够测定每一同工酶组分的 pI 值。

三、实验用品

1. 材料

发芽后 1 周的小麦幼苗叶片。

2. 器材

高速台式冷冻离心机，电子天平，电泳仪，电泳槽，量筒，烧杯，移液管，可调移液器，微量进样器(50 μL)，研钵，容量瓶，滤纸，玻棒，剪刀，钥匙等。

3. 试剂

(1)30％丙烯酰胺贮液。30 g 丙烯酰胺和 0.8 g 亚甲基双丙烯酰胺溶于蒸馏水，定容至 100 mL，滤去不溶物后存于棕色瓶，4℃贮存。

(2)同工酶染色液。称取 0.1 g 联苯胺，加入 50 mL 0.1 mol・L^{-1} pH 5.4 醋酸缓冲液、1 mL 30％过氧化氢，混匀。

(3)10％过硫酸铵(AP)溶液；剥离硅烷；40％两性电解质 Amphline(pH 3.5～11.0)；四甲基乙二胺(TEMED)；0.02 mol・L^{-1}NaOH 电极溶液；1.0 mol・L^{-1}

H_3PO_4 电极溶液。

四、操作步骤

1. 凝胶板制备

按操作说明准备电泳装置。

取小烧杯一个，按顺序加入下列试剂：

30%凝胶贮液	1.5 mL
40%Ampholine	0.75 mL
dd H_2O	6.96 mL
10%AP	60 μL
TEMED	30 μL

混匀后，缓慢、连续地灌入制胶腔体中。在室温下放置 1 h，待胶凝固后，根据操作说明，进行电泳操作。

2. 样品制备

取小麦幼苗叶片约 0.5 g，将样品剪碎于预冷的研钵中，加入预冷的 1.5 mL 蒸馏水，置冰浴上充分研磨，将匀浆液于 4℃下以 10 000 *g* 离心 20 min。上清液置于冰浴中备用。

3. 等电聚焦电泳

(1)预冷。在电泳前半小时左右，将电泳仪的冷却装置打开，温度设置 10℃。

(2)铺板。打开电泳槽盖子，滴数滴 Triton X-100 于冷却板上，涂抹均匀后将带凝胶玻璃板放置于冷却板上。以 8 cm×10 cm 的干滤纸条浸入 1 mol·L^{-1} NaOH 溶液中，置于阳极一侧的边缘；将滤纸片搭在胶上，铺平并用对应的电极液润湿，但润湿液不能太多，以免电极液进入玻璃板下面。

(3)预电泳。打开电泳仪电源，恒稳电压 100 V，预电泳 10 min，关闭电泳仪电源。

(4)加样。用镊子将 0.5 cm×0.5 cm 大小的滤纸片小心贴于凝胶板上，与凝胶板方向平行，每隔 0.5 cm 加一滤纸片；然后用移液器加样 5 μL。

(5)电泳。打开电泳仪电源，恒稳电压 100 V，电泳 30 min，关闭电泳仪电源，用镊子将滤纸片取出；再打开电泳仪电源，恒稳电压 300 V，电泳 30 min，待电流变为 0 mA 或 1 mA 时，关闭电泳仪电源，电泳结束。

4. pH 梯度测定

在电泳结束后的胶板上，切下 0.5 cm 宽的不加样的一条胶，再切成 0.5 cm×

0.5 cm 大小的 9 小块；把以上 9 小块胶依次分别放入相应的编号的试管内，再分别加入 3 mL 已脱气的蒸馏水，让水浸没胶块，塞上塞子后让其在室温下过夜，次日测定各管 pH。

5. 过氧化物酶同工酶染色

取电泳结束的胶直接浸没在过氧化物酶同工酶染色液中，室温下反应 30 min，然后将胶转移至清水中展开，观察拍照。

6. 结果处理

(1) 以凝胶板宽度(mm)为横坐标、相应的 9 小块胶提取液的 pH 为纵坐标作图，可得到一条 pH 梯度曲线。所测得的 pH 为 10 mm 长宽的胶段 pH 的平均值，因此，作图时可依次取 5 mm、15 mm、25 mm、35 mm…长为横坐标。

(2) 量出过氧化物酶各同工酶距凝胶板正极端(或负极端)的距离(mm)，再根据这一距离，从上述 pH 梯度曲线上查出其所对应的 pH 即可得相对应的过氧化物酶同工酶的等电点。

五、注意事项

(1) 丙烯酰胺、亚甲基双丙烯酰胺、联苯胺等均为有毒试剂，操作时需戴手套，避免接触皮肤。

(2) 酶液的提取、离心等操作需在低温下进行。

(3) 由于在等电聚焦时电场的高压会产生大量的热而烧坏胶板，所以等电聚焦通常在 10℃进行。

六、思考题

1. 等电聚焦电泳与一般凝胶电泳在分离蛋白质的原理上有何不同？
2. 简要说明本实验操作的关键步骤。

实验十八　维生素 A、维生素 B_1 和维生素 B_2 的鉴定

一、实验目的

掌握鉴定维生素 A、维生素 B_1、维生素 B_2 的操作方法和技术，了解维生素 A、维生素 B_1、维生素 B_2 的作用原理及功能。

二、实验原理

维生素是维持机体健康必需的一类低分子有机化合物，已知许多维生素参与辅酶的组成，在物质代谢中起重要作用。

维生素 A 属于脂溶性维生素，主要来自动物性食品，以动物的肝脏、乳制品及鱼肝油中含量最多，在氯仿溶液中可与三氯化锑生成不稳定的蓝色，称为 Carr-Price 反应。在一定的浓度范围内该反应产生蓝色的深浅与维生素 A 的浓度成正比，此反应常用作维生素 A 的定性检验，也可做定量测定。

维生素 B_1，水溶性维生素，又称硫胺素，含有氨基嘧啶和噻唑的结构，在植物性食品中分布广泛。在碳酸氢钠存在的碱性环境中，维生素 B_1 能与重氮试剂中的对位氯化重氮苯磺酸作用生成红色的物质，加入少量甲醛可使红色稳定，反应式如下：

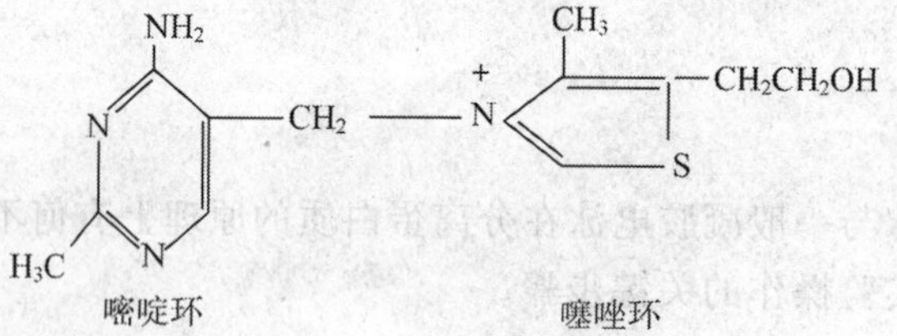

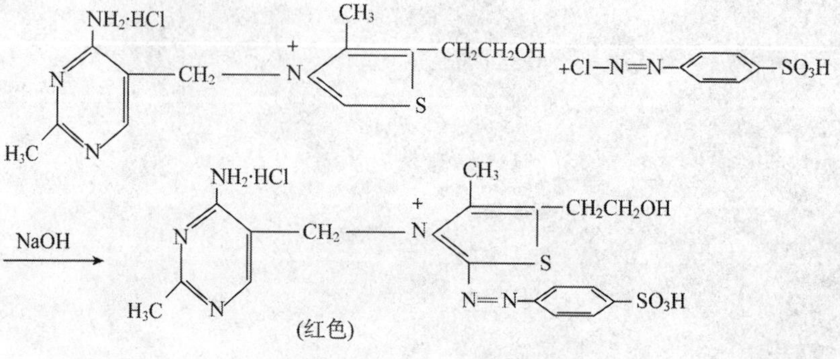

本反应不很灵敏，特异性也低，但因操作简单、迅速，往往用来检查尿中的维生素 B_1。目前普遍使用灵敏性、特异性更高的荧光法：在碱性环境中，硫胺素经铁氰化钾定量地氧化成带有深蓝色荧光的硫色素，可用它测出 0.01 μg 硫胺素。

维生素 B_2，又称核黄素，是由异咯嗪衍生而成的一种 B 族维生素，耐热、微溶于水，其水及乙醇的中性溶液为黄色，并且有很强的荧光，这种荧光在强酸或强碱中易破坏。核黄素可被亚硫酸盐还原成无色的二氢化物，同时失去荧光，因而样品的荧光背景可以被测定。但此二氢化物在空气中易被重新氧化，恢复其荧光，其反应如下：

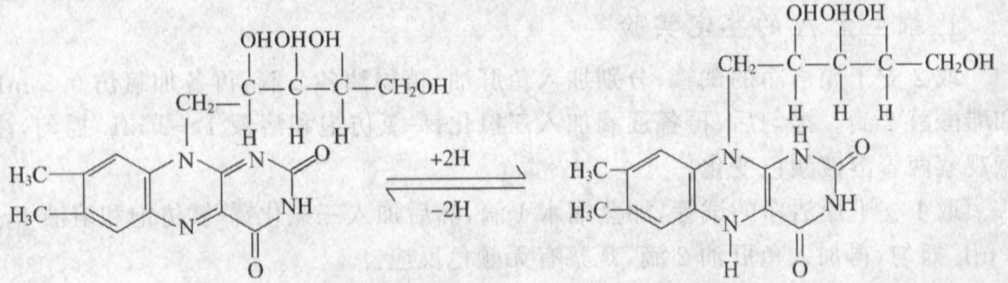

核黄素的激发光波长范围为 440～500 nm（一般定为 460 nm），发射光波长范围为 510～550 nm（一般定为 520 nm）。利用核黄素在稀溶液中荧光的强度与核黄素的浓度成正比可进行定量分析。

三、实验用品

1. 材料

鱼肝油（市售），植物油，米糠。

2. 器材

电子天平，三用紫外分析仪，滤纸，漏斗，试管及试管架，滴管，移液管，量筒。

3. 试剂

(1)精馏氯仿。用蒸馏水洗涤市售氯仿 2～3 次，加一些煅烧过的碳酸钠或无水硫酸钠进行干燥，并在暗色烧瓶中蒸馏三氯化锑-氯仿饱和溶液，用少量精馏氯仿反复洗涤三氯化锑，直到氯仿不再显色为止，再将三氯化锑放在干燥器中，用硫酸干燥。用干燥的三氯化锑和精馏氯仿配制饱和溶液。

(2)$NaHCO_3$ 碱性溶液。将 5.76% $NaHCO_3$ 及 4% NaOH 等量混合即成，或称取 NaOH 2.0 g 溶于 60 mL 蒸馏水中，加 $NaHCO_3$ 2.88 g，混匀后，用水稀释至 100 mL。

(3)重氮试剂。取 0.5 g 对氨基苯磺酸溶于 9 mL 浓 HCl 中，加蒸馏水至

100 mL,此即为对氨基苯磺酸母液,应保存于暗处,临用时先将 50 mL 量筒浸于冰水中,加入对氨基苯磺酸母液 1.5 mL,再加 5%亚硝酸钠液 1.5 mL,摇匀。在冰水中保持 5 min 后,再加亚硝酸钠 6 mL,摇匀,再浸 5 min,然后加水至 50 mL 刻度,混匀之,仍留在冰水中备用。此液须在配成 15 min 后,才能使用,但不能超过 24 h。

(4)0.2%硫胺素溶液;1%铁氰化钾溶液;异丁醇;30% NaOH;核黄素溶液;2.5% $NaHSO_3$ 溶液(用 2% Na_2CO_3 溶液作溶剂);醋酸酐。

四、操作步骤

1. 维生素 A 的鉴定实验

取 2 支干燥洁净的试管,分别加入鱼肝油、植物油各 2 滴,再各加氯仿 0.5 mL 和醋酸酐 2 滴。摇匀后,再各逐滴加入三氯化锑-氯仿饱和溶液 1~2 mL 摇匀,注意观察两管溶液颜色变化。

取 1 支干燥洁净的试管,加蒸馏水 1 滴,然后加入三氯化锑-氯仿饱和溶液 1~2 mL 摇匀,再加入鱼肝油 2 滴,观察有无颜色反应。

2. 维生素 B_1 的鉴定实验

硫胺素的提取:取米糠 2 g 置试管中,加入 10 mL 0.05 mol·L^{-1} H_2SO_4 溶液并用力振荡,放置 10 min 后,用滤纸过滤,滤液即为提取的硫胺素。

(1)重氮试剂法。取 2 支试管,按表 18-1 进行。

表 18-1 重氮试剂反应

管号	0.2%硫胺素/mL	滤液/mL	重氮试剂/mL	$NaHCO_3$ 碱性溶液/mL		结果
1	1		1.5	1	摇匀静置 5 min 观察结果	
2		1	1.5	1		

(2)荧光法。取 2 支试管,按表 18-2 进行。

表 18-2 荧光法定性测定维生素 B_1

管号	0.2%硫胺素/mL	滤液/mL	$K_3Fe(CN)_6$	30% NaOH	异丁醇	待两相分开后观察颜色变化
1	1		2	1	2	
2		1	2	1	2	

3. 维生素 B_2 的鉴定实验

取 2 支试管，各加入 1 mL 核黄素溶液，观察黄绿色荧光。在一管中加入 5～10 滴 $NaHSO_3$ 溶液，比较两管的荧光，充分摇匀后在 UV 灯下比较两管荧光。

五、注意事项

(1)维生素 A 的定性实验中，加完试剂后，摇匀过程中就开始观察溶液颜色的变化，一般是先呈土红色再变为褐色，最后变成蓝色，且变化迅速。

(2)维生素 A 的定性实验中，为防止反应形成的蓝色过快褪色，可将三氯化锑-氯仿溶液在冰水中预冷。

(3)维生素 A 的定性实验中，所使用的试剂和器材必须绝对干燥，以免三氯化锑水解而影响实验效果。

(4)维生素 A 的定性实验中，凡接触过三氯化锑的玻璃器皿先用 10% 盐酸洗涤后，再用水冲洗。

(5)维生素 B_1 的定性实验中，重氮试剂稀释后 15 min 方能使用，24 h 内有效。

六、思考题

1. 维生素 A 定性实验中所用的试剂、器材为什么必须绝对干燥？

2. 用目测结果颜色深浅，比较标准硫胺素与米糠中含维生素 B_1 的量。

3. 维生素 B_1 在生物体代谢中的作用是什么？维生素 B_1 缺乏有何症状？

4. 列举富含维生素 A、维生素 B_1 和维生素 B_2 的天然食物。

5. 试将上述实验改编为维生素 A、维生素 B_1 和维生素 B_2 的定量检测操作。

实验十九　维生素 A 含量的测定

一、实验目的

掌握紫外分光光度法测定维生素 A 含量的基本原理及其应用。

二、实验原理

维生素 A 属脂溶性维生素，也称视黄醇，主要来源于肝脏、鱼肝油、蛋类、乳类等动物性食品中，或在体内通过植物性食物（菠菜、番茄、胡萝卜等）的 β-胡萝卜素转化而来。缺少该种维生素可表现为夜盲症，眼球干燥，甚至会出现皮肤和一些器官的表皮角质化。

维生素 A 的结构是一个具有脂环的不饱和一元醇（图 19-1），分子式为 $C_{20}H_{30}O$。其性质不稳定，易氧化。遇光易分解。维生素 A 的异丙醇溶液在 325 nm 波长下具有最大吸收峰，吸光值与维生素 A 的含量成正比。因此，通过紫外分光光度法可以进行维生素 A 含量的测定。该法灵敏度高，适用于维生素 A 含量低于 5 μg/g 样品的测定。但该方法会因为其脂溶性维生素的特性导致易受到其他化合物的干扰。因此，在使用该方法进行维生素 A 含量的测定前最好进行皂化，以去除脂肪，萃取不皂化部分至有机溶剂中，从而经紫外分光光度法测定其吸光度。

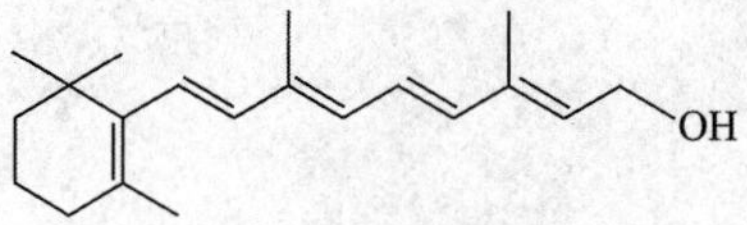

图 19-1　维生素 A 化学结构

三、实验用品

1. 材料

酸奶，维生素 A 标准液。

2. 器材

旋转蒸发仪，紫外分光光度计，棕色容量瓶，吸管，平底烧瓶，分液漏斗，回流冷凝装置。

3. 试剂

(1)无水乙醚(不含过氧化物)。无水乙醚有无过氧化物的检测方法：取 5 mL 乙醚，加 1 mL 10%碘化钾溶液，振摇 1 min，如有过氧化物则放出游离碘，水层呈黄色，或加 4 滴 0.5%淀粉液，水层呈蓝色。该乙醚需处理后使用。去除过氧化物的方法：重蒸乙醚时，瓶中放入纯铁丝或铁末少许，弃去蒸馏前后流出的部分蒸馏液。

(2)无水乙醇(不含醛类物质)。醛类物质检测方法：取 2 mL 银氨溶液于试管中，加入 10% NaOH 溶液，加热，放置冷却后，若有银镜反应则表示乙醇中有醛。脱醛方法：取 2 g $AgNO_3$ 溶解于少量水中，取 4 g 氢氧化钠溶于温乙醇中，将两者倒入 1 L 乙醇中，振摇后，放置暗处两天，过滤后置蒸馏瓶中蒸馏，弃去初蒸出的 50 mL 蒸馏液。当乙醇中含醛较多时，硝酸银用量适当增加。

(3)无水硫酸钠；异丙醇；50%氢氧化钾溶液。

(4)维生素 A 标准存液(1 000 IU · mL^{-1})。精确称取醋酸维生素 A 标准样品 0.100 0 g 于 100 mL 棕色容量瓶中，加异丙醇溶解并定容至刻度线，待用

(5)维生素 A 标准使用液(10 IU · mL^{-1})。精确移取 1.0 mL 维生素 A 标准存液于 100 mL 棕色容量瓶中，用异丙醇定容至刻度线，待用。

四、操作步骤

1. 工作曲线的制备

分别移取 10 IU · mL^{-1}维生素 A 标准使用液 1.0、2.0、3.0、4.0、5.0 mL 于棕色容量瓶中，用异丙醇定容至刻度，摇匀，制备获得浓度分别为 1.0、2.0、3.0、4.0、5.0 IU · mL^{-1} 的维生素 A 标准使用液。以异丙醇为空白对照，于 325 nm 处依次测定标准系列溶液的吸光度。

2. 样品处理

(1)皂化。称取搅拌均匀的酸奶 1.500 0 g 于平底烧瓶中，加入 10 mL 50%氢氧化钾溶液和 20 mL 无水乙醇，少许沸石，摇匀，在 85～90℃水浴条件下进行回流 60 min。

(2)提取。样品皂化完全后，用 10 mL 温水冲洗冷凝管，将皂化液转入

250 mL 分液漏斗中，每次用 30 mL 无水乙醚提取 3 次皂化液，将乙醚层合并，用温水洗涤乙醚层(每次 15 mL)至洗涤水呈中性，弃去水层。

(3)乙醚提取液经置有少量无水硫酸钠的小漏斗过滤入平底烧瓶，用 20 mL 乙醚分 2 次洗涤分液漏斗，洗涤液同样经置有无水硫酸钠的小漏斗合并至平底烧瓶。

(4)挥发除去溶剂。将平底烧瓶置于水浴，旋转蒸发并回收乙醚，待残留物剩 1 mL 左右时，停止蒸馏。

3. 测定

在上述残留物中加入异丙醇使之溶解，并转移至 10 mL 棕色容量瓶中，定容至刻度，待测。以 1.5 mL 蒸馏水代替样品作为样品空白液，其余同工作曲线的制备操作相同，以样品空白液为参照调零，于 325 nm 处测定样品液的吸光度。

五、注意事项

(1)维生素 A 极易被破坏，实验操作应在弱光下进行，或用棕色玻璃仪器。

(2)皂化过程中，应每隔 5 min 摇一下，使样品皂化完全。

(3)提取过程中，振摇不应太剧烈，避免发生乳化、不易分层。

(4)洗涤时，最初水洗轻摇，逐次振摇强度可增加。

(5)无水硫酸钠如有结块，应烘干后使用。

六、思考题

1. 根据所制工作曲线计算所测酸奶维生素 A 含量($IU \cdot g^{-1}$)。

2. 试分析皂化对测定维生素 A 的影响。

实验二十　维生素 C 含量的测定
—— 2,6-二氯酚靛酚滴定法

一、实验目的

了解维生素 C 的性质和功能，掌握 2,6-二氯酚靛酚滴定法测定维生素 C 含量的原理和操作技术。

二、实验原理

维生素 C 是人类营养中最重要的维生素之一，若机体缺乏时会产生坏血病，因此又称为抗坏血酸。水果、蔬菜是供给人类维生素 C 的主要来源。维生素 C 含量是果蔬品质的重要指标之一。

维生素 C 分子中存在烯醇式结构（HO—C═C—OH），具有很强的还原性，还原型抗坏血酸能还原 2,6-二氯酚靛酚染料。2,6-二氯酚靛酚染料在酸性溶液中呈红色，在中性或碱性溶液中呈蓝色。因此，当用 2,6-二氯酚靛酚染料滴定含有抗坏血酸的酸性溶液时，其被还原后成为无色的衍生物，因此，该染料可作为维生素 C 含量测定的滴定剂和指示剂。

还原型抗坏血酸还原染料后，本身被氧化为脱氢抗坏血酸，当抗坏血酸全部被氧化时，滴下的 2,6-二氯酚靛酚溶液则呈红色。在测定过程中当溶液从无色转变成微红色时，表示抗坏血酸全部被氧化，此时即为滴定终点。根据滴定消耗染料标准溶液的体积，可以计算出被测定样品中抗坏血酸的含量。

在没有杂质干扰时，一定量的样品提取液还原标准染料液的量与样品中所含抗坏血酸的量成正比。

反应式如下：

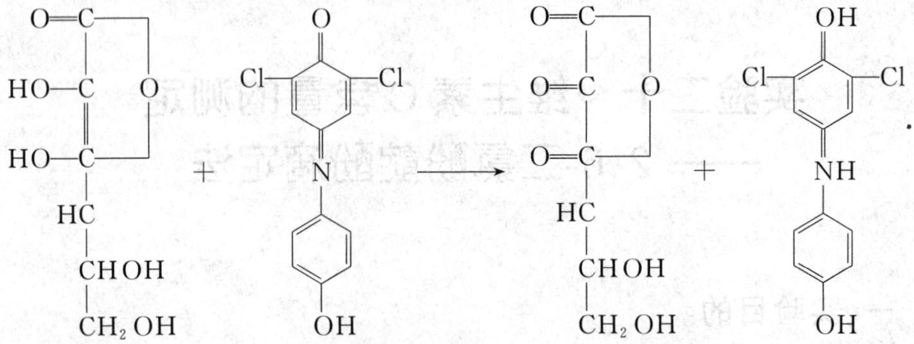

还原型坏血酸　2,6-二氯酚靛酚染料（粉红色）　脱氢抗坏血酸　无色

本法测定维生素C含量简便易行，但只能用于测定还原型抗坏血酸，具有同样生理功能的氧化型抗坏血酸和结合型抗坏血酸不能测出；样品中的色素经常干扰对实验滴定终点的判断和观察；实验材料提取液中含有的其他还原性物质可能使得2,6-二氯酚靛酚还原脱色而引起实验误差。

三、实验用品

1. 材料

新鲜橙子。

2. 器材

组织捣碎机，水果刀，电子天平，台式离心机，电炉，玻璃棒，三角烧瓶，移液管，酸式滴定管，棕色容量瓶，烧杯，量筒。

3. 试剂

(1)2%草酸溶液。草酸20 g溶于700 mL蒸馏水中，稀释至1 000 mL。

(2)1%草酸溶液。取上述2%草酸溶液450 mL，稀释至900 mL。

(3)0.2 mg·mL^{-1}抗坏血酸标准溶液。称取抗坏血酸20 mg，用适量1%草酸溶液溶解后，移入100 mL棕色容量瓶中，并以1%草酸溶液定容，振摇混匀，备用。最好临用前配制。

(4)0.02% 2,6-二氯酚靛酚溶液。称取碳酸氢钠52.2 mg，溶解在200 mL沸水中。再称取2,6-二氯酚靛酚49.2 mg，溶于上述碳酸氢钠溶液中。冷后，过滤于250 mL棕色容量瓶中，用水稀释至刻度，摇匀备用。

四、操作步骤

1. 维生素C的提取

称取去皮、去核的新鲜橙子 100 g，置于组织捣碎机内，加入等量 2%草酸($W:V$)，进行匀浆。匀浆液 5 000 $r \cdot min^{-1}$离心 15 min，上清液备用。

2. 2,6-二氯酚靛酚溶液的标定

准确吸取 2 mL 0.2 $mg \cdot mL^{-1}$ 的抗坏血酸标准溶液于三角瓶中，加 5 mL 1%草酸溶液，摇匀，用配制的2,6-二氯酚靛酚染料溶液滴定至微红色，15 s内不褪色即为滴定终点。按下式计算：

$$每1 mL染料溶液相当于抗坏血酸的毫克数(T)=C \times V_1/V_2$$

式中：C 为抗坏血酸的浓度($mg \cdot mL^{-1}$)；V_1 为抗坏血酸的量(mL)；V_2 为消耗染料溶液的量(mL)。

3. 维生素C含量的测定

吸取 10 mL 上清液置于三角烧瓶内，加入 10 mL 1%草酸(2个平行样品，分别编号记录)，将2,6-二氯酚靛酚染料滴定至微红色，15 s内不褪色即为滴定终点，记录染料消耗量。

空白对照以 10 mL 蒸馏水代替样品。

4. 结果处理

按公式计算每 100 g 样品中维生素C的含量：

$$维生素C含量[mg \cdot (100\ g)^{-1}样品]=[(V_1-V_2) \times T/W] \times 100$$

式中：V_1 为滴定样品提取液时消耗的染料溶液量(mL)；V_2 为滴定空白时消耗的染料溶液量(mL)；T 为 1 mL 染料溶液相当于抗坏血酸的毫克数；W 为滴定时所取的滤液中含样品的量(g)。

五、注意事项

(1)如某些水果、蔬菜提取液泡沫太多，可加几滴丁醇或辛醇以消泡。

(2)样品维生素C的制备和含量测定过程中，避免阳光照射和与铜、铁器具接触，以免抗坏血酸被破坏。

(3)实验滴定过程宜迅速进行，一般不应超过 2 min。样品滴定消耗染料应控制在 1～4 mL 为宜，若滴定结果超出此范围，则应增加或减少样品提取液用量或将提取液稀释。

(4)实验中2%草酸溶液可抑制抗坏血酸氧化酶的作用。

六、思考题

1. 简述维生素C的生理意义。

2. 2,6-二氯酚靛酚滴定法测定维生素C含量的工作原理是什么？有何优缺点？

3. 实验中应注意哪些操作步骤，以准确测定维生素C的含量？为什么？

4. 试分析实验中干扰滴定的因素，并提出排除方案。

实验二十一　核酸含量的测定

Ⅰ. 紫外吸收法

一、实验目的

学习和掌握紫外吸收法测定核酸含量的原理和操作方法，了解紫外分光光度计的基本原理和使用方法。

二、实验原理

核酸、核苷酸及其衍生物的碱基都具有共轭双键(—C=C—C=C—)，具有紫外吸收的特征，能够强烈吸收 250～280 nm 波长的紫外光。RNA 和 DNA 的最大紫外吸收值为 260 nm。

在 260 nm 波长下，在 pH 7.0 时，浓度为 1 $\mu g \cdot mL^{-1}$ DNA 溶液的光吸收值约为 0.020，浓度为 1 $\mu g \cdot mL^{-1}$ RNA 溶液的光吸收值为 0.022～0.024。因此，通过测定未知浓度 RNA 或 DNA 溶液 260 nm 的光吸收值即可计算出其中核酸的含量。

紫外吸收法测定核酸含量操作简便、迅速，对被测样品无损且用量也少。蛋白质的吸收高峰在 280 nm 处，在 260 nm 处的吸收值仅为核酸的 1/10 或更低，故核酸样品中蛋白质含量较低时对核酸的紫外测定影响不大。若样品内混杂有大量的核苷酸或蛋白质等能吸收紫外光的物质时，则测定误差较大，应事先设法除去。对于纯净的 RNA 溶液，其 $A_{260\,nm}/A_{280\,nm} \geqslant 2$；纯净的 DNA 溶液，其 $A_{260\,nm}/A_{280\,nm} \geqslant 1.8$，当样品中蛋白质含量较高时，比值即下降。

三、实验用品

1. 材料

待测核酸样品。

2. 器材

电子天平，离心机，紫外分光光度计，移液管架，移液管，试管架，试管，容量瓶。

3. 试剂

(1)5%～6%氨水。25%～30%氨水稀释5倍。

(2)钼酸铵-高氯酸沉淀剂。取3.6 mL 70%过氯酸和0.25 g钼酸铵溶于96.4 mL蒸馏水中,即成0.25%钼酸铵～2.5%过氯酸溶液。

四、操作步骤

1. 核酸样品纯度的测定

(1)样品处理。准确称取待测核酸样品0.5 g,加少量蒸馏水调成糊状,再加适量水,用5%～6%氨水调至pH 7.0,定容至50 mL。

(2)测定。取两支离心管,甲管内加入2 mL样品溶液和2 mL蒸馏水,乙管内加入2 mL样品溶液和2 mL沉淀剂(以除去大分子核酸,作为对照)。混匀,在冰浴上或冰箱中放置30 min。3 000 r·min^{-1} 离心15 min。从甲、乙两管中分别吸取0.5 mL上清液,用蒸馏水定容至50 mL。选用光程为1 cm的石英比色皿,在260 nm波长处测定吸光度值,记为A_1和A_2。

(3)计算。

$$\text{DNA(或 RNA)}=\frac{\dfrac{A_1-A_2}{0.020(\text{或 }0.024)}}{\text{样品浓度}}\times 100\%$$

$$\text{上式中样品浓度}=\frac{0.5\ \text{g}}{50\times\dfrac{4}{2}\times\dfrac{50}{0.5}\text{mL}}=\frac{0.5\times 10^6\ \mu\text{g}}{10^4\ \text{mL}}=50\ \mu\text{g}\cdot\text{mL}^{-1}$$

当已知待测的核酸样品不含酸溶性核苷酸或可透析的低聚多核苷酸时,可将样品配制成20～50 μg·mL^{-1} 的溶液,在紫外分光光度计上直接测定。

2. 核酸溶液含量的测定

如果待测的核酸样品中含有酸溶性核苷酸或可透析的低聚多核苷酸时,需要加钼酸铵-高氯酸沉淀剂,沉淀除去大分子核酸,测定上清液260 nm处光密度作为对照。

(1)测定。取两支离心管,甲管内加入2 mL待测的核酸溶液和2 mL蒸馏水,乙管内加入2 mL待测的核酸溶液和2 mL沉淀剂,混匀,在冰浴上或冰箱中放置10 min。3 000 r·min^{-1} 离心10 min。将甲、乙两管上清液分别稀释至光密度在0.1～1.0。选用光程为1 cm的石英比色杯,在260 nm波长下测其光密度$OD_{260\ nm}$。

(2)计算。

$$\text{DNA(或 RNA)含量}(\mu g \cdot mL^{-1}) = \frac{\text{甲 } OD_{260\ nm} - \text{乙 } OD_{260\ nm}}{0.020(\text{或 } 0.024)} \times \text{稀释倍数}$$

五、注意事项

(1)石英比色皿应成套使用,妥善使用,防止破损。

(2)离心前必须将离心管平衡,并对称放置入离心机。

六、思考题

1. 紫外吸收法测定核酸含量的原理是什么?有何优点及缺点?

2. 实验的干扰物质有哪些?如何排除?

Ⅱ. 定磷法

一、实验目的

掌握定磷法测定核酸含量的一般原理和操作方法。

二、实验原理

核酸含磷量较多,RNA 平均含磷量为 9.4%,DNA 平均含磷量为 9.9%。因此,实验室中可通过测定核酸中磷的量进行核酸的定量分析。测定前,将浓硫酸与核酸共热使核酸分子中所含的有机磷消化成为无机磷,酸性条件下无机磷可与定磷试剂中的钼酸铵反应生成磷钼酸铵。当有还原剂维生素 C 作用时,其可被还原成深蓝色的钼蓝,在 660 nm 处有最大光吸收。在一定的磷浓度范围内,钼蓝颜色的深浅与磷含量成正比。

化学反应方程式如下:

$$(NH_4)_2MoO_4 + H_2SO_4 \longrightarrow H_2MoO_4 + (NH_4)_2SO_4$$

$$H_3PO_4 + 12H_2MoO_4 \longrightarrow H_3P(Mo_3O_{10})_4 + 12\ H_2O$$

$$H_3P(Mo_3O_{10})_4 \xrightarrow{\text{维生素 C}} Mo_2O_3 \cdot MoO_3(\text{钼蓝})$$

为消除核酸样品中无机磷对含量测定的影响,需同时测定样品中的总磷含量和无机磷含量(样品未经消化直接测出的含磷量),以总磷含量减去无机磷含量,就能得到样品中的有机磷含量,依此可换算出核酸含量。

三、实验用品

1. 材料

提取的粗核酸。

2. 器材

电子天平，恒温烘箱，干燥器，消化炉，分光光度计，恒温水浴锅，消化管，试管，烧杯，移液管，容量瓶(50 mL)，培养皿，称量瓶，瓷质研钵。

3. 试剂

(1)标准磷溶液。将分析纯 KH_2PO_4 置于 105℃烘箱烘至恒重后，置于干燥器内使温度降至室温，精确称取 0.219 5 g，用重蒸水定容到 50 mL(含磷量为 1 mg · mL^{-1})，此为原液，储存于冰箱。使用时再稀释 200 倍，使含磷量为 5 μg · mL^{-1}。

(2)定磷试剂。6 mol · L^{-1} 硫酸(A)，2.5%钼酸铵溶液(B)，10%维生素 C 溶液(C)(棕色瓶 4℃可储存一个月，颜色应为淡黄色，若为深黄或棕色则不能使用)。临用前将 A、B、C 和重蒸水按 1∶1∶1∶2 (V/V)混匀即得，储存在棕色瓶里，当天使用。

(3)催化剂。硫酸铜($CuSO_4 \cdot 5H_2O$)∶硫酸钾(K_2SO_4)=1∶4(W/W)，研成细粉。

(4)浓硫酸，30%过氧化氢。

四、操作步骤

1. 定磷标准曲线的制作

取 14 支洗净烘干的硬质玻璃试管，按表 21-1 用量分别加入标准磷溶液、重蒸水及定磷试剂，平行做 2 份。

表 21-1 定磷标准曲线制作

溶液	管号						
	0	1	2	3	4	5	6
标准磷溶液/mL	0	0.5	1.0	1.5	2.0	2.5	3.0
重蒸水/mL	3	2.5	2.0	1.5	1.0	0.5	0
含磷量/μg	0	2.5	5	7.5	10	12.5	15
定磷试剂/mL	3	3	3	3	3	3	3
A_{660}							

以上试剂加毕立即摇匀，于 45℃恒温水浴保温 20 min。取出冷却至室温，以零号管调零点，于 660 nm 处测定吸光度。

以各管的含磷量（μg）为横坐标，A_{660} 为纵坐标，制作定磷标准曲线。

2. 核酸中有机磷消化为无机磷

取 1 mL 待测样品液（含 2.5～5 mg 核酸），或直接取固体样品于消化瓶中，加 1 mL 浓硫酸及 50 mg 催化剂，置于消化炉上加热至发白烟，样品由黑色变成淡黄色，取下消化瓶稍冷，加入几滴 30％过氧化氢溶液（勿粘于瓶壁），继续加热，至溶液呈无色或淡蓝色停止。稍冷却，加 1 mL 水，沸水浴加热 10 min 使焦磷酸分解为磷酸。冷至室温后用重蒸馏水定容到 50 mL。同时做空白对照，空白瓶中不加样品，用等量重蒸水代替，操作同上。

3. 核酸中总磷含量的测定

取消化液 1 mL，加水 2 mL，定磷试剂 3 mL，摇匀，于 45℃保温 20 min，取出冷却至室温，在波长 660 nm 处测定吸光度。

4. 核酸中无机磷含量的测定

取未消化的待测样品液 1 mL，用重蒸馏水定容到 50 mL。从中取 1 mL，加水 2 mL，定磷试剂 3 mL，摇匀，于 45℃保温 20 min，取出冷却至室温，在波长 660 nm 处测定吸光度。

5. 样品中核酸含量的计算

$$样品中核酸含量=\frac{(有机磷量\ \mu g\times D)}{(测定时取样量\ mL\times 样品重量\ \mu g\times 核酸中含磷量)}\times 100\%$$

式中：D 为稀释倍数，D＝消化后定容体积（mL）/消化时取样体积（mL）；有机磷量（μg ）＝总磷量－无机磷量。

五、注意事项

（1）定磷法既可以测定 DNA 的含量又可以测定 RNA 的含量，若 DNA 中混有 RNA 或 RNA 中混有 DNA，将影响结果的准确性。

（2）因钼蓝反应非常灵敏，所用器皿、试剂中所含微量的杂质磷、硅酸盐、铁离子等将会影响实验结果。因此，所有试剂的配制都要使用重蒸馏水。实验器皿注意用去离子水洗 3 遍后再用重蒸水冲洗一次并烘干。

（3）消化有机磷时注意调节合适温度，使消化液保持微沸状态，以防止爆沸和溅出，可在消化管口加置小漏斗以减少消化液的蒸发。

六、思考题

1. 为什么实验用水、显色时酸的浓度和钼酸铵的质量对测定结果有较大影响？

2. 定磷法操作中有哪些关键环节？

实验二十二　酵母 RNA 的提取、鉴定及含量测定

一、实验目的

掌握酵母中粗 RNA 提取的操作方法及粗品中组分的鉴定方法，熟悉地衣酚法定性鉴定、定量测定 RNA 的操作技术。

二、实验原理

一般的生物细胞中同时含有 DNA 和 RNA，在酵母中 RNA 比 DNA 的含量高得多，RNA 含量为 2.67%～10.0%，DNA 则少于 2%(0.03%～0.516%)，故在实验室常用酵母作为 RNA 提取的材料。

若要制备具有生物活性的 RNA，可采用苯酚法、去污剂法和盐酸胍法等，最常用的是苯酚法；若对生物活性没有要求，则可使用浓盐法、稀碱法等。本实验采用的稀碱，既可加速细胞的破裂，又可增大 RNA 的溶解度。当碱被中和后，可用乙醇将 RNA 沉淀，此为 RNA 粗品。

从化学组成来说，RNA 由碱基、磷酸和戊糖组成。RNA 与浓盐酸共热时发生降解，生成的核糖继而在浓酸中脱水环化成糠醛(α-呋喃甲醛)，后者可与 3,5-二羟基甲苯(地衣酚试剂)反应生成绿色复合物。反应式如下：

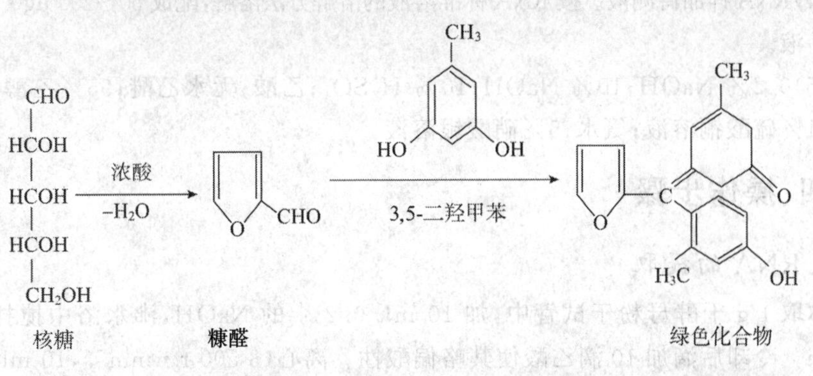

上述反应生成的复合物在 670 nm 处有最大光吸收。当 RNA 浓度在 10～200 $\mu g \cdot mL^{-1}$ 范围内，其含量与吸光度成正比，可用比色法测定。

地衣酚反应的灵敏度高但特异性较差，凡戊糖均有此反应，样品中有蛋白质、黏多糖或大量 DNA 时对测定有干扰。有大量 DNA 存在时，加入适量的 $CuCl_2 \cdot H_2O$ 可减小干扰。二苯胺试剂常用于测定 DNA 中的脱氧核糖，RNA 中的核糖一般不与二苯胺起反应。其中蛋白质可用 5％三氯乙酸沉淀后再测定。双缩脲反应是检验蛋白质常用的颜色反应，但若蛋白质含量很低时，此显色反应不易观察到。

三、实验用品

1. 材料

干酵母粉。

2. 器材

试管，移液管，玻璃棒，电炉，离心机，分析天平，可见分光光度计。

3. 试剂

(1)地衣酚试剂。100 mg 地衣酚，溶于 100 mL 浓盐酸（AR）中，再加入 100 mg $FeCl_3 \cdot 6H_2O$（或等量 CuO），此液需临用前配制。

(2)15％二苯胺试剂。称取二苯胺 15 g，溶于 100 mL 高纯度的无水乙酸中，再加 1.5 mL 浓硫酸，混合后存于暗处。

(3)RNA 标准溶液。精确称取 100.0 mg 纯 RNA（酵母），用少量 0.2％ NaOH 溶解后，再加少量蒸馏水摇匀。滴加乙酸调至 pH 7.0，用蒸馏水定容至 1 000 mL，即得 100 $\mu g \cdot mL^{-1}$ 的 RNA 标准溶液（所用 RNA 最好与被测样同源，其准确含量可用定磷法确定）。

(4)RNA 样品待测液。按 RNA 标准溶液的溶解方法溶解，配成 50～200 $\mu g \cdot mL^{-1}$ 的样品液。

(5)0.2％ NaOH；10％ NaOH；10％ H_2SO_4；乙酸；无水乙醚；95％乙醇；无水乙醇；1％硫酸铜溶液；氨水；5％硝酸银溶液。

四、操作步骤

1. RNA 的提取

称取 1 g 干酵母粉于试管中，加 10 mL 0.2％ 的 NaOH，沸水浴中搅拌提取 10 min。冷却后滴加 10 滴乙酸使其略偏酸性。离心（3 500 $r \cdot min^{-1}$，10 min），去除沉淀，向上清液中加入 10 mL 95％乙醇。待完全沉淀后离心（3 500 $r \cdot min^{-1}$，10 min），去上清液。将沉淀移至试管，即为粗 RNA。

2. 提取组分的鉴定

取沉淀加入 5 mL 10% H_2SO_4，沸水浴中水解 5 min，冷却。

(1)取水解液 0.5 mL，加入 1 mL 地衣酚试剂，沸水浴中加热 5 min，观察颜色变化。

(2)取水解液 2 mL，加氨水 2 mL 及 5%硝酸银 1 mL，摇匀，观察是否产生絮状嘌呤银化合物(若不出现，放置一会儿再观察)。

(3)取水解液 1 mL，加 10% NaOH 溶液 10 滴，摇匀后加 1%硫酸铜溶液 2 滴，静置一会儿观察有无紫色出现。

(4)取水解液 1 mL，加 2 mL 二苯胺试剂，摇匀，沸水浴中加热 10 min，观察颜色变化。

3. RNA 含量的测定

(1)RNA 标准曲线的制作。取试管编号，按表 22-1 依次加入 0、0.4、0.8、1.2、1.6 和 2.0 mL RNA 标准溶液，各管用蒸馏水补足到 2.0 mL，再各加地衣酚试剂 2.0 mL，混匀后置沸水浴加热 20 min，立即取出用自来水冷却，测 $OD_{670\ nm}$。以 RNA 含量(μg)为横坐标，$OD_{670\ nm}$ 为纵坐标，绘制标准曲线。

表 22-1　RNA 标准曲线的制作

试剂/mL	管号					
	1	2	3	4	5	6
RNA 标准溶液	0	0.4	0.8	1.2	1.6	2.0
蒸馏水	2.0	1.6	1.2	0.8	0.4	0
地衣酚试剂	2.0	2.0	2.0	2.0	2.0	2.0
	摇匀，沸水浴 20 min，流动水冷却					
$OD_{670\ nm}$						

(2)待测样品中 RNA 的测定。取试管 2 支，各加 2.0 mL 待测液(内含 RNA 应在标准曲线的可测范围内)；另取试管 1 支，加 2.0 mL 蒸馏水作为空白管。再向各管加 2.0 mL 地衣酚试剂，摇匀。沸水浴加热 20 min，立即取出自来水冷却，测 $OD_{670\ nm}$。

(3)RNA 含量的计算。根据测得的 $OD_{670\ nm}$，从标准曲线上查出相应的含量，按下式计算出待测样品中 RNA 的百分含量：

$$RNA=\frac{待测液中测得的 RNA 质量}{待测液中样品的质量}\times 10\times 100\%$$

五、注意事项

(1)沸水浴搅拌提取时应谨慎。

(2)离心前离心管应配平。

六、思考题

1. 本实验采用的稀碱法为何提取的多是RNA而非DNA?

2. 用稀碱法提取酵母RNA的过程中需注意什么?

3. CuO或 $FeCl_3 \cdot 6H_2O$ 在地衣酚法测定RNA中的作用是什么?

4. 地衣酚反应中,干扰RNA测定的因素有哪些?如何减少这些因素对实验的影响?

5. 根据实验现象的观察,说明从酵母中提取的物质除RNA外,还包含哪些杂质?

实验二十三　动物组织中 DNA 的提取

一、实验目的

学习和掌握用浓盐法从动物组织中提取 DNA 的原理与技术，掌握生物大分子分离提纯的一般原理和方法。

二、实验原理

在生物体中，核酸和蛋白质以核蛋白的形成存在。细胞破碎后，脱氧核糖核蛋白与核糖核蛋白混杂在一起，所以要分离 DNA 首先要将这两种核蛋白分开。在高浓度的盐溶液（如 1 $mol \cdot L^{-1}$ NaCl）中，脱氧核糖核蛋白溶解度很大，但核糖核蛋白溶解度很小；在低浓度的盐溶液（如 0.14 $mol \cdot L^{-1}$ NaCl）中，脱氧核糖核蛋白溶解度很小，但核糖核蛋白溶解度很大。因此，实验可利用不同浓度的氯化钠溶液，将脱氧核糖核蛋白和核糖核蛋白从样品中分别抽提出来。

用蛋白质变性剂如 SDS（十二烷基硫酸钠）处理抽提得到的脱氧核糖核蛋白时，DNA 即与蛋白质分开。其后，选择氯仿-异戊醇将蛋白质沉淀除去，而 DNA 则溶解于溶液中。向含有 DNA 的水相中加入冷乙醇，DNA 即呈纤维状沉淀出来。

本实验选用猪脾脏（或肝脏）为材料，用浓盐法提取 DNA。

三、实验用品

1. 材料

猪肝或小白鼠的肝脏。

2. 器材

分光光度计，匀浆器，量筒，离心机及离心管，试管及试管架，移液管。

3. 试剂

(1) 0.1 $mol \cdot L^{-1}$ NaCl-0.05 $mol \cdot L^{-1}$ 柠檬酸钠溶液（pH 6.8）。

(2) 0.015 $mol \cdot L^{-1}$ NaCl-0.001 5 $mol \cdot L^{-1}$ 柠檬酸三钠溶液。称取 0.828 g 氯化钠及 0.341 g 柠檬酸三钠溶于蒸馏水，稀释至 1 000 mL。

(3) 5% SDS 溶液。5 g SDS 溶于 100 mL 水中。

(4)V(氯仿)∶V(异戊醇)混合液 20∶1;95%乙醇(A. R.);氯仿(A. R.);NaCl 固体(A. R.)。

四、操作步骤

(1)称取新鲜猪肝 8 g,用预冷的 0.1 mol·L^{-1} NaCl-0.05 mol·L^{-1} 柠檬酸钠缓冲液冲洗除去血污,在冰浴上剪成碎末,再用匀浆器磨碎(冰浴),加入相当于 2 倍肝重的 0.1 mol·L^{-1} NaCl-0.05 mol·L^{-1} 柠檬酸钠缓冲液,研磨 3 次,然后倒出匀浆物,匀浆物在 4 000 r·min^{-1} 下离心 10 min;沉淀中再加入 25 mL 缓冲液,于 4 000 r·min^{-1} 离心 20 min;取沉淀。

(2)在上述沉淀中加入 40 mL 0.1 mol·L^{-1} NaCl-0.05 mol·L^{-1} 柠檬酸钠缓冲液、20 mL 氯仿-异戊醇混合液、4 mL 5%SDS 使其终浓度为 0.41%,振摇 30 min,然后缓慢加固体 NaCl,使其终浓度为 1 mol·L^{-1}(约 3.6 g)。继续搅拌,以确保 NaCl 全部溶解,此时可见溶液由黏稠变稀薄。将上述混合液在 3 500 r·min^{-1} 离心 20 min,取上清水相。

(3)在上述水相溶液中加入等体积预冷 95%乙醇,边加边用玻璃棒慢慢搅动,此时玻璃棒搅动的目的在于把黏稠丝状物缠在玻璃棒上,直至再无黏稠丝状物出现为止。将缠绕在玻璃棒上的凝胶状物用滤纸吸去多余的乙醇,即得 DNA 粗品。

(4)提纯。将上述所得的 DNA 粗品置于 20 mL 0.015 mol·L^{-1} NaCl-0.001 5 mol·L^{-1} 柠檬酸三钠溶液中,加入 1 倍体积的氯仿-异戊醇混合液,振摇 10 min,离心(4 000 r·min^{-1},10 min),收集上层液(沉淀弃去),加入 1.5 倍体积 95%乙醇,DNA 即沉淀析出。离心,弃去上清液,沉淀(粗 DNA)按本操作步骤重复一次。最后所得沉淀用无水乙醇洗涤 2 次,置真空干燥器内干燥,即得白色纤维状 DNA 钠盐。称取重量,计算产率。

五、注意事项

(1)整个提取过程应在较低温度下进行。

(2)防止过酸、过碱,避免剧烈搅拌及其他引起核酸降解因素的作用。

六、思考题

1. DNA 制品可以采用什么方法进行定性鉴定?试说明其工作原理。

2. 在实验提纯前所进行的 3 个步骤操作中所得到的沉淀分别含何种成分?

3. 从动物组织提取 DNA,重要的是要防止核酸酶的作用,为此实验过程中应采取哪些措施?

实验二十四　核苷酸的分离鉴定——DEAE-纤维素薄板层析法

一、实验目的

学习和掌握薄层层析法的基本原理与操作方法，掌握 DEAE-纤维素薄板层析法分离鉴定核苷酸的原理和方法。

二、实验原理

薄层层析是快速分离和定性分析少量物质的一种重要实验技术，属固-液吸附色谱。

二乙氨基乙基纤维素，简称 DEAE-纤维素，结构式如下：

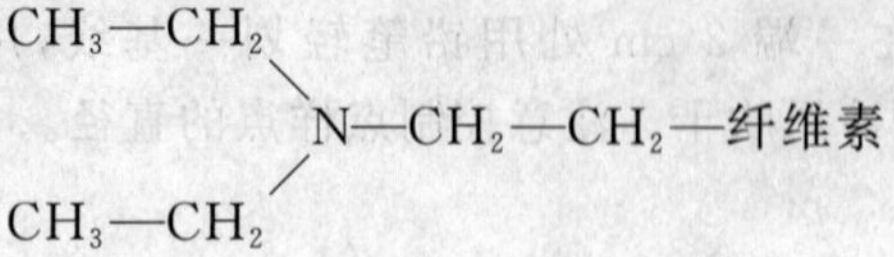

它是弱碱性阴离子交换剂，在 pH 3.5 左右 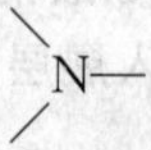 解离成 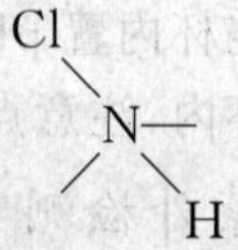 季铵型。

带负电荷的核苷酸离子就被交换上去。控制溶液的 pH，使各种核苷酸所带净电荷不同，与 DEAE-纤维素的亲和力也就不同，从而达到分离的目的。

此法具有快速、灵敏的特点。

三、实验用品

1. 材料

核苷酸样品。

2. 器材

4 cm×15 cm 玻璃片，尼龙布，pH 试纸（pH 1～14），电动搅拌器，水平板，水平仪，铅笔，紫外分析仪，电吹风，1 000 mL 烧杯，1 000 mL 吸滤瓶，布氏漏斗，10 μL 微量点样管。

3. 试剂

(1)DEAE-纤维素;1 mol·L^{-1} NaOH 溶液;1 mol·L^{-1} HCl 溶液。

(2)0.05 mol·L^{-1} 柠檬-柠檬钠缓冲液(pH 3.5) 称取 12.20 g 柠檬酸,6.70 g 柠檬酸钠溶于蒸馏水,稀释至 2 000 mL。

四、操作步骤

1. DEAE-纤维素的处理

先用水洗 DEAE-纤维素,抽干后用 4 倍体积 1 mol·L^{-1} NaOH 溶液浸泡 4 h(或搅拌 2 h),抽干,蒸馏水洗至中性,再用 4 倍体积 1 mol·L^{-1} HCl 浸泡 2 h(或搅拌 1 h),抽干,蒸馏水洗至 pH 4 备用。

2. 铺板

将处理过的 DEAE-纤维素加水调成稀糊状,搅匀后立即倒在干净的玻璃板上,涂成均匀的薄层。放在水平板上,待表面水分蒸发,于 60℃烘干,备用。

3. 点样

取烘干的薄板,在一端 2 cm 处用铅笔轻划一基线,用微量点样管取样液 10 μL,点在基线上,用冷风吹干。注意控制点样点的直径。

4. 展层

在烧杯内置 pH 3.5 柠檬酸钠冲液(液体厚度约 1 cm),把点过样的薄板倾斜放入烧杯内,注意点样点浸入展层剂,展层剂由下而上流动开始展层。

5. 紫外检测

当溶剂前沿到达距离玻板上端约 1 cm 处 10 min 左右,停止层析,取出薄板,用热风吹干,260 nm 紫外线照射 DEAE-纤维素层观看层析斑点(图 24-1)。

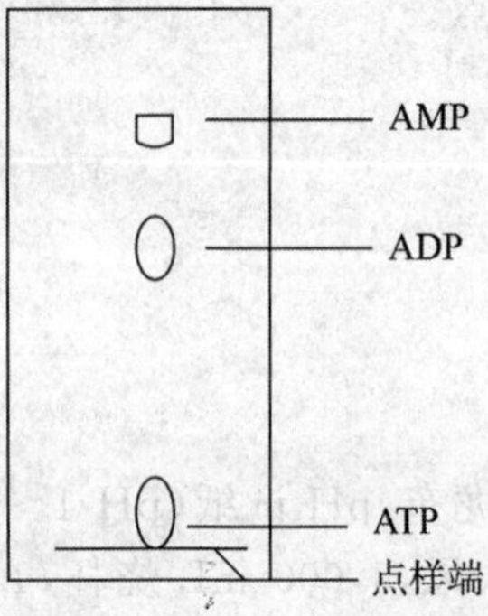

图 24-1 ATP、ADP 和 AMP 的 DEAE-纤维素薄板层析图谱

五、注意事项

(1)铺板时，DEAE-纤维素糊稀稠要适中，若铺厚板增加稠度，铺薄板则降低稠度。

(2)点样要迅速，否则薄板因吸收空气中的水分而影响分离效果。

(3)DEAE-纤维素经处理可反复使用。

六、思考题

1. 实验中，AMP、ADP 和 ATP 3 种核苷酸，哪种走在最前端？为什么？

2. 如何用薄层层析法对核苷酸进行定量分析？

3. 薄层层析与纸层析相比，其优劣在什么地方？

实验二十五　DNA 的琼脂糖凝胶电泳

一、实验目的

学习并掌握琼脂糖凝胶电泳的原理和基本操作，了解琼脂糖凝胶电泳是分离、分析 DNA 的重要方法。

二、实验原理

琼脂糖凝胶电泳是分子生物学中最常用的分离、鉴定和纯化 DNA 的有效方法。用琼脂糖为电泳支持物进行平板电泳，操作简单，需样品量少，电泳速度快，电泳图谱清晰，分辨率高，重复性好，制成干膜可长期保存。

DNA 琼脂糖凝胶电泳的基本原理是利用 DNA 分子在琼脂糖凝胶中泳动时具有的电荷效应和分子筛效应。前者由分子所带电荷量的多少而定，后者则主要与分子大小及构象有关。DNA 分子在高于其等电点的 pH 溶液中带负电荷，在电场中向正极移动。由于糖-磷酸骨架在结构上的重复性质，相同数量的双链 DNA 几乎具有等量的净电荷，因此它们能以同样的速度向正极移动。

琼脂糖凝胶电泳对核酸的分离作用主要依据它们的相对分子质量及分子构型，同时与凝胶的浓度也有密切关系，此外还受到电流强度、缓冲液离子强度等的影响。

DNA 分子的大小：具有不同相对分子质量的 DNA 片段泳动速度不同，DNA 分子的迁移速度与其相对分子质量的对数成反比。但是当 DNA 分子大小超过 20 kb 时，普通琼脂糖凝胶就很难将它们分开。此时电泳的迁移率不再依赖于分子大小。

核酸构型：同样相对分子质量的 DNA，超螺旋共价闭环质粒 DNA(covalently closed circular DNA，ccc DNA)迁移速度最快，线状 DNA(linear DNA)次之，开环 DNA(open circular DNA，ocDNA)最慢。

琼脂糖的浓度：当琼脂糖浓度太高时，环状 DNA(一般为球形)不能进入胶中，相对迁移率为 0($R_m=0$)，而同等大小的直线双链 DNA(刚性棒状)则可沿长轴方向前进($R_m>0$)。不同大小的 DNA 需要用不同浓度的琼脂糖凝胶进行电泳分离。如表 25-1 所示。

表 25-1 不同浓度琼脂糖凝胶分离 DNA 分子的范围

琼脂糖浓度/%	0.3	0.6	0.7	0.9	1.2	1.5	2.0
线状 DNA 大小/kb	5～60	1～20	0.8～10	0.5～7	0.4～6	0.2～4	0.1～3

由于样品质粒 pBR322 DNA 为 4.3 kb，所以本实验选用 0.8%的琼脂糖凝胶。琼脂糖凝胶电泳所需 DNA 样品量仅为 0.5～1 μg，超薄型平板琼脂糖凝胶电泳所需 DNA 可少于 0.5 μg。质粒 DNA 在细胞内存在可以有 3 种形式：共价闭环、线状 DNA 和开环的双链环状 DNA。

观察琼脂糖凝胶中 DNA 的最简便方法是利用荧光染料溴化乙锭（ethidium bromide，简称 EB）染色，EB 在波长 254 nm 紫外光照射下，DNA 显橘红色荧光。当 DNA 样品在琼脂糖凝胶中电泳时，加入的 EB 就插入 DNA 分子中的碱基对之间，形成荧光结合物。而荧光的强度正比于 DNA 的含量，如将已知浓度的标准样品作电泳对照，可估计出待测样品的浓度。EB 染色具有以下特点：操作简便快速，灵敏度高，核酸不会断裂，用紫外吸收可随时跟踪检查。

三、实验用品

1. 材料

大肠杆菌 pBR322。

2. 器材

Eppendorf 管，Tip，锥形瓶，滴管，一次性手套，烧杯，量筒，移液器，微波炉，水平式电泳槽，紫外检测仪，稳压电泳仪，水平仪，摄影设备。凝胶托盘和样品槽模板见图 25-1。

3. 试剂

(1)pH 8.0 TBE 缓冲液；琼脂糖；DNA 相对分子质量标准品（marker）。

(2)5×TBE（5 倍体积的 TBE 贮存液）。每升含 Tris 54 g，硼酸 27.5 g，0.5 $mol \cdot L^{-1}$ EDTA 20 mL（pH 8.0）。

(3)凝胶加样缓冲液。0.2%溴酚蓝，50%蔗糖；称取溴酚蓝 200 mg，加重蒸水 10 mL，在室温下过夜，待溶解后再称取蔗糖 50 g，加重蒸水溶解后移入溴酚蓝溶液中，摇匀后加重蒸水定容至 100 mL，加 10 $mol \cdot L^{-1}$ NaOH 1～2 滴，调至蓝色。

(4)10 $mg \cdot mL^{-1}$ 溴化乙锭（EB）溶液。戴手套谨慎称取溴化乙锭（相对分子质量 394.33）约 200 mg 于棕色试剂瓶内，按 10 $mg \cdot mL^{-1}$ 的浓度加重蒸水配制，溶解后，瓶外面用锡纸包好，并贮于 4℃冰箱，备用。

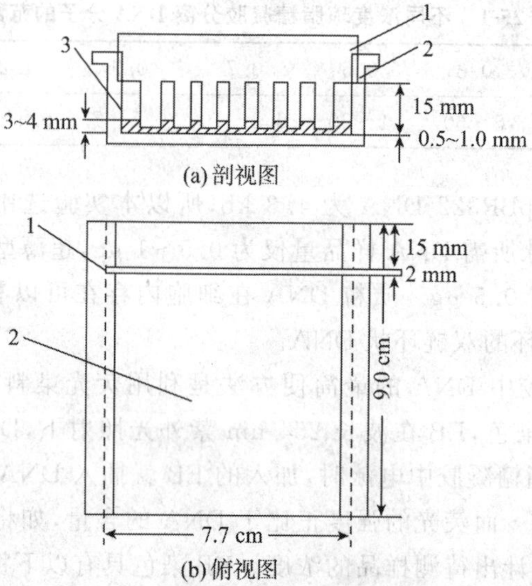

图 25-1　凝胶托盘和样品槽模板

1.样品槽模板(梳子);2.凝胶托盘;3.凝胶

(5)1 mg·mL^{-1} 溴化乙锭(EB)溶液。戴手套取 10 mg·mL^{-1} EB 溶液 10 mL 于棕色试剂瓶内,外面用锡纸包好,加入 90 mL 重蒸水,轻轻摇匀,置 4℃冰箱备用。

四、操作步骤

1.琼脂糖凝胶的制备

称取 0.28 g 琼脂糖放入锥形瓶中,加入 35 mL 1×TBE 缓冲液。以微波炉或水浴加热至完全溶化后取出摇匀,琼脂糖的浓度为 0.8%。待琼脂糖凝胶溶液冷却至 50℃时,加入溴化乙锭,使其终浓度为 0.5 μg·mL^{-1}。

2.凝胶板的制备

一般可选用微型水平式电泳槽(30～35 mL 胶)。

将有机玻璃内槽的两端边缘用胶带封好,并置于一水平位置。

选择孔径适宜的梳子,垂直架在有机玻璃内槽的一端,使梳齿距玻璃板之间尚有 0.5～1.0 mm 的距离。

将冷却到 50℃左右的琼脂糖凝胶,缓缓倒入有机玻璃内槽,注意应厚度适宜,不要有气泡。

待凝胶凝固后，小心取出梳子，并取下两端的胶带，放入电泳槽内。

加入足够的 TBE 电泳缓冲液，使液面略高出凝胶面。

3. 加样

待测 pBR322 质粒 DNA 中加 1/5 体积的溴酚蓝指示剂，混匀后用移液器将其加入加样孔(梳孔)内。

加样时，移液器针头穿过缓冲液小心插入加样槽底部，缓慢地将样品推进槽内，让其集中沉于槽底部。注意记录样品点样次序与点样量。

4. 电泳

接通电泳槽与电泳仪的电源。注意电极的负极在点样孔一边，DNA 片段从负极向正极移动。DNA 的迁移速度与电压成正比，最高电压不超过 5 $V \cdot cm^{-1}$(微型电泳槽一般用 40 V)。

当溴酚蓝染料移动到距凝胶前沿 1～2 cm 处，停止电泳。

5. 观察

小心取出凝胶，在紫外灯下进行观察。DNA 存在的位置处呈现橘红色荧光条带，记录电泳结果或直接拍照。观察时应戴上防护眼镜或有机玻璃防护面罩，以避免紫外光对眼睛的伤害。

五、注意事项

(1)制备琼脂糖凝胶时，胶层内不要有气泡。

(2)溴化乙锭(EB)是 DNA 致突变剂，也是较强的致癌物，应戴手套谨慎称取。如有液体溅出外面，可加少量漂白粉，使 EB 分解。

(3)加样量的多少决定于加样槽的最大容积。

六、思考题

1. 本实验的关键操作环节有哪些？

2. 本实验能否直接用蒸馏水配制一定浓度的琼脂糖凝胶？为什么？

3. 核酸的染色剂有多种，但 EB 染色具有很多特点。用 EB 对 DNA 染色一般有 3 种方法：a. 在制胶中与电极缓冲液中同时加入 EB；b. 只在制胶中加入 EB，而在电极缓冲液中不加 EB；c. 电泳结束后取出琼脂糖凝胶，放在含有 EB 的电泳缓冲液中染色。本实验用何种染色法？所用 EB 的浓度为多少？

实验二十六　糖酵解中间产物的鉴定——抑制剂法

一、实验目的

学习利用抑制剂法来鉴定糖酵解代谢过程中的某一中间代谢步骤。

二、实验原理

3-磷酸甘油醛是糖酵解过程中的中间产物，可以受到 3-磷酸甘油醛脱氢酶的催化氧化脱氢生成 1,3-二磷酸甘油酸。此代谢步骤是糖酵解过程的第一次氧化脱氢反应。而碘乙酸对 3-磷酸甘油醛脱氢酶具有抑制作用，可使 3-磷酸甘油醛不再继续分解代谢而积累。同时，硫酸肼作为稳定剂，可保护 3-磷酸甘油醛不进行自发分解。在此基础上，2,4-二硝基苯肼可与 3-磷酸甘油醛在碱性条件下形成 2,4-二硝基苯肼-丙糖的棕色复合物，其棕色程度与 3-磷酸甘油醛含量成正比。根据颜色深浅的变化，可以判定糖酵解进行的情况如何。

三、实验用品

1. 材料

酵母。

2. 器材

恒温水浴锅，试管、试管架，1 mL、2 mL、10 mL 移液管，50 mL 烧杯。

3. 试剂

(1)2,4-二硝基苯肼。称取 0.1 g 2,4-二硝基苯肼溶于 100 mL 2 mol·L^{-1} 盐酸溶液中，过滤，贮于棕色瓶备用。

(2)0.56 mol·L^{-1} 硫酸肼溶液。称取 7.28 g 硫酸肼溶于 50 mL 水中，加入 1 mol·L^{-1} NaOH 调节 pH 至 7.4 可促进溶解，最后用水稀释定容至 100 mL。

(3)10%三氯醋酸。将 10 g 三氯醋酸溶于 100 mL 蒸馏水中。

(4)0.75 mol·L^{-1} NaOH 溶液；5%葡萄糖溶液。

(5)0.002 mol·L^{-1} 碘乙酸。称 3.72 g 碘乙酸溶于 50 mL 水，用 1 mol·

L^{-1} NaOH 调 pH 达 7.4，然后用水稀释至 100 mL。

四、操作步骤

(1)取 3 只小烧杯，分别加入酵母 0.3 g，并按表 26-1 分别加入各试剂，混匀。

(2)将各杯混合物分别倒入编号相同的发酵管内，放入 37℃保温 1.5 h，观察发酵管产生气泡的量有何不同(表 26-1)。

表 26-1　观察发酵管产生气泡的各试剂用量　mL

杯号	5%葡萄糖	10%三氯醋酸	碘乙酸	硫酸肼	发酵时气泡多少
1	10	2	1	1	
2	10	—	1	1	
3	10	—	—	—	

(3)把发酵管中各发酵液倾倒入编号相同小烧杯中，并在 2 号和 3 号杯中按表 26-2 补加各试剂，摇匀放 10 min 后和第一只烧杯中内容物一起分别过滤，取滤液进行测定。

表 26-2　补加试剂用量　mL

杯号	10%三氯醋酸	碘乙酸	硫酸肼
2	2	—	—
3	2	1	1

(4)取 3 个试管，分别加入上述滤液 0.5 mL，并按表 26-3 加入试剂和处理。

表 26-3　酵解中间产物的鉴定　mL

<table>
<tr><th>管号</th><th>滤液</th><th>0.75 mol·L⁻¹ NaOH</th><th rowspan="4">室温放置 10 min</th><th>2,4-二硝基苯肼</th><th rowspan="4">37℃水浴保温 10 min</th><th>0.75 mol·L⁻¹ NaOH</th></tr>
<tr><td>1</td><td>0.5</td><td>0.5</td><td>0.5</td><td>3.5</td></tr>
<tr><td>2</td><td>0.5</td><td>0.5</td><td>0.5</td><td>3.5</td></tr>
<tr><td>3</td><td>0.5</td><td>0.5</td><td>0.5</td><td>3.5</td></tr>
</table>

五、注意事项

在磷酸丙糖与 2,4-二硝基苯肼成腙反应前，溶液须先碱化并在室温放置

10 min,只有使磷酸丙糖中的磷酸基水解脱去,生成的颜色才比较稳定。

六、思考题

1. 糖酵解的中间产物有哪些?此实验检查的是哪些?

2. 实验中哪一发酵管生成的气泡最多?哪一管最后生成的颜色反应最深?为什么?

实验二十七　酶促转氨反应的鉴定——纸层析法

一、实验目的

学习鉴定转氨基作用的简便方法和原理，熟练掌握利用纸层析研究代谢的基本方法，了解酶促转氨反应在中间代谢中的意义。

二、实验原理

转氨基作用是生物体内一个重要的生化反应，它可作为沟通蛋白质和糖代谢的桥梁，并通过丙酮酸、α-酮戊二酸和草酰乙酸分别形成丙氨酸、谷氨酸、天冬氨酸等非必需氨基酸。转氨基作用又称氨基转移作用，即在转氨酶的催化作用下，一种α-氨基酸上的氨基可以转移到α-酮酸的α-碳上，从而形成相应的一分子α-酮酸和一分子α-氨基酸。组成蛋白质的氨基酸有 20 种，除赖氨酸、精氨酸、苏氨酸外，其他的氨基酸都能促成转氨作用。每种氨基酸都由专一的转氨酶催化，其最适 pH 接近 7.4。在各种转氨酶中，分布最广、活性最大的为谷丙转氨酶（简称 GPT）和谷草转氨酶（简称 GOT）。

测定转氨酶活力的方法有纸上层析法及光电比色法，本实验采用纸上层析法，以谷氨酸和丙酮酸混合溶液在 GPT 作用下进行的反应，来观察酶促转氨基作用，鉴定组织中转氨酶的活性。其反应式为：

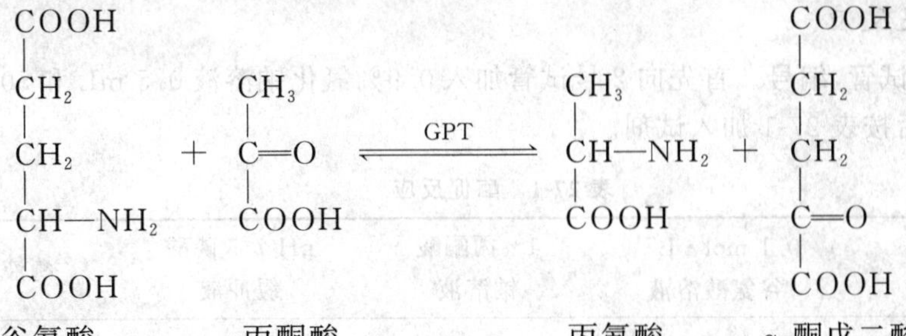

谷氨酸　　丙酮酸　　丙氨酸　　α-酮戊二酸

用纸层析法鉴定转氨基产物丙氨酸的存在与否，其原理为：谷氨酸和丙氨酸是理化性质不同的两种氨基酸，前者为亲水性氨基酸，后者为疏水性氨基酸，二者在固定相与流动相中的分配程度不同,因而流速不同,从而显色出不同的斑点。

三、实验用品

1. 材料

猪肝。

2. 器材

恒温水浴锅,烘箱,电炉,研钵,试管,试管架,手术剪,圆形滤纸(15 cm),培养皿,毛细管,铅笔,直尺。

3. 试剂

(1)0.1 $mol \cdot L^{-1}$ 的谷氨酸溶液。1.47 g 谷氨酸溶于 100 mL 1%磷酸钾溶液中。

(2)展层剂。95%乙醇∶水∶苯酚=80∶20∶8,充分摇匀。

(3)茚三酮。按展层剂 0.25%的比例将茚三酮加入展层剂中,使其溶解。

(4)0.1 $mol \cdot L^{-1}$ pH 7.5 的磷酸缓冲液;0.1 $mol \cdot L^{-1}$ pH 8.0 的磷酸缓冲液;50%乙酸;0.9%氯化钠溶液;1%的丙酮酸钠溶液;0.5%的标准丙酮酸溶液;0.5%的标准谷氨酸溶液。

四、操作步骤

1. 酶液的提取

称取猪肝脏 3 g,剪碎置研钵中,加入 2 mL 0.9%氯化钠溶液研磨成匀浆,转移到离心管中,再加入 2 mL 0.9% NaCl 冲洗研钵,溶液并入离心管中,4 000 $r \cdot min^{-1}$ 离心 5 min,弃沉淀,上清液即酶液。

2. 酶促反应

取 2 支试管,编号。首先向 2 号试管加入 0.9%氯化钠溶液 0.5 mL 和 50%乙酸 5 滴,然后按表 27-1 加入试剂。

表 27-1 酶促反应 mL

管号	0.1 $mol \cdot L^{-1}$ 谷氨酸溶液	1%丙酮酸钠溶液	pH 7.5 磷酸缓冲液	酶液
1(待测)	0.5	0.5	2.0	0.5
2(对照)	0.5	0.5	2.0	0.5(已处理)

摇匀，37℃保温 30 min，取出后向 1 号管加 5 滴 50％乙酸终止反应，再将 1、2 号管置于沸水浴中 2 min，使蛋白质沉淀，流水冷却，离心（4 000 r・min^{-1} 5 min），收集上清液备用。

3．用纸层析鉴定反应结果

（1）纸的处理。取 15 cm 的圆形滤纸一张，通过对角线对折找其圆心，并用铅笔点出圆心部位，量出距圆心 1 cm 处的位置用铅笔标记，作为点样处（避开对角线折痕处）并标注四个点的名称，分别为谷氨酸、丙氨酸、测试管、对照管，在滤纸的另一面边缘标注班级、姓名等信息。

（2）点样。用毛细管在标记的点样处点样，标准品点 2～3 次，样品点 3～5 次，保证每点在纸上扩散的直径不超过 3 mm。

（3）层析。另取小滤纸，卷成灯芯，插入圆形小孔，并将下端剪成刷状（不能使灯芯突出纸面过长），将滤纸平放在盛有层析液培养皿上，使灯芯向下与溶剂接触，用大小相同的培养皿盖在滤纸上，展层约 1.5 h。

（4）显色。取出滤纸，取下灯芯，将滤纸置于 110℃烘箱烘干，观察结果。

五、注意事项

（1）猪肝在研磨前要尽可能地剪碎，否则影响提取酶液的含量。

（2）对照管首先要处理酶液。

（3）点样时勿点于折痕处，以免影响层析剂的扩散。

（4）点样时毛细管勿插错。

（5）操作时，保持滤纸清洁。

六、思考题

1．人体内的转氨酶主要有哪 2 种？测定它们的临床意义是什么？

2．实验对照和测定管显现的斑点有何不同？它们分别代表何物质？

3．实验操作中的关键步骤有哪些？

实验二十八　末端氧化酶——多酚氧化酶的显现与活性测定

一、实验目的

学习和了解末端氧化酶的作用及多酚氧化酶的特性，掌握测定末端氧化酶——多酚氧化酶活性的方法。

二、实验原理

生物机体在生命活动中需要消耗能量，而其能量来源于体内糖、脂肪、蛋白质等有机物质的氧化作用。有机物质在生物机体的氧化作用称为生物氧化。末端氧化酶是处于生物氧化一系列反应的最末端，能将底物脱下的电子传递给 O_2，并形成 H_2O_2 或 H_2O 的酶类。除了线粒体内膜上的细胞色素氧化酶和抗氰氧化酶（交替氧化酶）之外，还有存在于细胞质中的多酚氧化酶、抗坏血酸氧化酶和乙醇酸氧化酶等。

多酚氧化酶（polyphenoloxidase，PPO）是一种含铜的末端氧化酶，其在有氧条件下能使一元酚和二元酚氧化生成醌。在植物受到机械损伤时，因细胞破碎，原来彼此分开的多酚氧化酶和多酚类物质接触反应，导致很多植物在空气中会逐渐变成褐色。近几十年来，国内外对植物组织褐变的研究表明，组织的褐变主要是 PPO 作用于天然底物酚类物质所致。醌有颜色，在 525 nm 下有最大光吸收，通过分光光度法测定反应体系颜色变化可测定酶活性。

反应式如下：

$$\text{邻苯二酚（儿茶酚）} + 1/2\ O_2 \xrightarrow{\text{多酚氧化酶}} \text{邻醌} + H_2O$$

本实验是以马铃薯为材料进行的多酚氧化酶分析研究。通过实验可以观察到含多酚氧化酶的马铃薯提取液的颜色变化，即由淡粉红色逐渐变成棕红色，最终氧化成黑色，并对多酚氧化酶的活性进行定量测定。

三、实验用品

1. 材料

马铃薯。

2. 器材

低温离心机，恒温水浴锅，分光光度计，研钵或组织匀浆机，漏斗，滤纸，移液管，小刀，纱布袋，量筒，试管。

3. 试剂

0.1 mol·L^{-1} 儿茶酚；0.1 mol·L^{-1} pH 7.2 磷酸缓冲液；聚乙烯吡咯烷酮（PVP）。

四、操作步骤

1. 酶液的提取

称取马铃薯 1 g 于研钵中，加入 5.0 mL pH 7.2 磷酸缓冲液，少许 PVP（事先用蒸馏水浸洗，然后过滤以除去杂质），研磨匀浆，转移到离心管，再用 0.1 mol·L^{-1} pH 7.2 磷酸缓冲液 5.0 mL 冲洗研钵，摇匀，合并提取液。4℃ 5 000 r·min^{-1}离心 15 min，上清液即为粗制酶液。

2. 多酚氧化酶的鉴定

取试管 2 支，按表 28-1 进行多酚氧化酶的鉴定。

表 28-1 多酚氧化酶的鉴定

试剂	管号	
	1	2
酶提取液/mL	2.5	2.5（煮沸 5 min）
儿茶酚/滴	5	5
	试管充分摇匀后于 37℃摇动、保温 3 min	
观察颜色变化		

3. 多酚氧化酶活性的测定

取试管 2 支，按表 28-2 进行多酚氧化酶活性的测定。

表 28-2 多酚氧化酶的活性测定

试剂/mL	管号	
	1(空白对照)	2
儿茶酚	1.5	1.5
磷酸缓冲液	3.5	2.5
酶提取液	—	1.0
实验结果		

加入粗酶液后迅速混匀,立刻于 525 nm 下测定反应体系的 A 值,每隔 30 s 记录一次,共记录 5 次。选择 A 值变化均匀的 3 组数值求平均值。

按下式计算酶活力

$$\text{PPO 活性} = U \cdot \text{min}^{-1} \cdot \text{g}^{-1}\ \text{FW}$$

A 值增加 0.001 定义为一个酶活力单位。

五、注意事项

多酚氧化酶易失活,提取酶时宜在低温下进行。

六、思考题

1. 什么是末端氧化酶?末端氧化酶在生物氧化过程中的作用是什么?
2. 试以研磨后的马铃薯颜色变化为例,简述酶促褐变的机理。

实验二十九　脂肪酸的β-氧化
——硫代硫酸钠滴定法

一、实验目的

理解脂肪酸的β-氧化作用，掌握硫代硫酸钠滴定法研究脂肪酸β-氧化作用的方法。

二、实验原理

脂肪酸β-氧化是脂类分解代谢的主要途径。在肝脏中，脂肪酸经β-氧化作用生成乙酰辅酶 A。两分子乙酰辅酶 A 可再缩合生成乙酰乙酸。乙酰乙酸经脱羧生成丙酮，也可还原生成β-羟丁酸。乙酰乙酸、β-羟丁酸和丙酮总称为酮体。酮体为机体代谢的中间产物，正常情况下，含量甚微。

本实验用新鲜肝糜与丁酸保温通过丙酮的形成，来了解β-氧化作用机制。在碱性的条件下，用过量的碘（定量）与丙酮反应生成碘仿。剩余的碘，以标准硫代硫酸钠（$Na_2S_2O_3$）溶液在酸性环境中滴定，从而可计算出丙酮的生成量。反应过程如下：

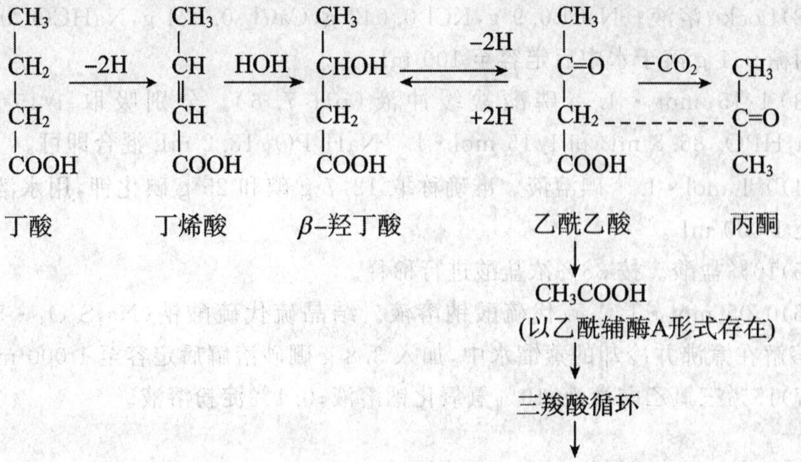

生成的丙酮先与碘反应：

$$2NaOH+I_2 \rightarrow NaOI+NaI+H_2O$$

$$CH_3COCH_3+3NaOI \rightarrow CHI_3(\text{碘仿})+CH_3COONa+2NaOH$$

剩余的碘，可用标准 $Na_2S_2O_3$ 溶液滴定：

$$NaOI+NaI+2HCl \rightarrow I_2+2NaCl+H_2O$$

$$I_2+2Na_2S_2O_3 \rightarrow Na_2S_4O_6+2NaI$$

根据滴定样品与滴定对照所消耗的硫代硫酸钠溶液体积之差，可以计算由丁酸氧化生成丙酮的量。

三、实验用品

1. 材料

小白鼠肝脏。

2. 器材

50 mL 三角瓶，Y 移液管、移液管架，微量滴定管，恒温水浴锅，漏斗、漏斗架，电子天平，镊子和剪刀。

3. 试剂

(1) 0.5 $mol \cdot L^{-1}$ 丁酸溶液。45 mL 正丁酸用 0.1 $mol \cdot L^{-1}$ 氢氧化钠溶液调 pH 至 7.6，并稀释至 1 L。

(2) Locke 溶液。NaCl 0.9 g，KCl 0.042 g，$CaCl_2$ 0.024 g，$NaHCO_3$ 0.015 g 和葡萄糖 0.1 g 溶于水中后定容至 100 mL。

(3) 1/15 $mol \cdot L^{-1}$ 磷酸盐缓冲液（pH 7.6）。分别吸取 1/15 $mol \cdot L^{-1}$ Na_2HPO_4 86.8 mL 和 1/15 $mol \cdot L^{-1}$ NaH_2PO_4 13.2 mL 混合即可。

(4) 0.1 $mol \cdot L^{-1}$ 碘溶液。准确称取 12.7 g 碘和 25 g 碘化钾，用水溶解后，定容至 1 000 mL。

(5) 10%盐酸。按 38%浓盐酸进行稀释。

(6) 0.05 $mol \cdot L^{-1}$ 硫代硫酸钠溶液。结晶硫代硫酸钠（$Na_2S_2O_3 \cdot 5H_2O$）25 g 溶解在煮沸并冷却的蒸馏水中，加入 3.8 g 硼砂溶解后定容至 1 000 mL。

(7) 15%三氯乙酸溶液；10%氢氧化钠溶液；0.1%淀粉溶液。

四、操作步骤

1. 肝糜制备

称取刚杀死的小白鼠肝脏 5 g，置于冰浴上剪碎，于研钵中研成匀浆，即得肝糜。同样操作制备 2 份。

2. 酮体的生成和蛋白质的沉淀

取 50 mL 三角瓶 2 支，按表 29-1 操作。

表 29-1 酮体生成和蛋白质沉淀

瓶号	Locke/mL	磷酸缓冲液 pH 7.6/mL	0.5 mol·L^{-1} 丁酸/mL	蒸馏水 /mL	肝糜/g
1	3	2	3	—	5
2	3	2	—	3	5

3. 测定

另取 50 mL 三角瓶 3 支，分别取上述滤液 5 mL，加入 3 号与 4 号瓶，5 号瓶加水。按照表 29-2 操作。

表 29-2 测定

瓶号	滤液/mL	0.1 mol·L^{-1} 碘液/mL	10%NaOH /mL	蒸馏水 /mL	10%HCl /mL	
3	5	5	5	—	5	静置 10 min
4	5	5	5	—	5	
5	—	5	5	5	5	

4. 计算

1 mL 0.05 mol·L^{-1} $Na_2S_2O_3$ 溶液相当于 0.967 3 mg 丙酮，故样品中丙酮含量应为：

$$丙酮含量=\frac{(B-A)\times 0.967\ 3\ \text{mg}\times 提取液总量}{提取液用量}$$

式中:B 为滴定空白管所用硫代硫酸钠溶液毫升数;A 为滴定样品管所用硫代硫酸钠溶液毫升数。

实验中,3 号瓶(样品)求得的丙酮量减去 4 号瓶(对照)的丙酮量,即是由丁酸经过 β-氧化作用形成的丙酮量。

五、注意事项

(1)所用材料必须新鲜,肝组织要在冰浴中研磨成匀浆。

(2)指示剂随加随滴,不要都加好后,再一一滴定。

(3)注意滴定的准确性,滴定终点均为浅黄色,滴定结束后样品瓶和对照瓶中溶液颜色应一致。

(4)尽量缩短滴定样品瓶和对照瓶的时间间隔,以减少误差。

六、思考题

1. 生物体内脂肪酸是如何转变为酮体的?

2. 为什么说做好本实验的关键是制备新鲜肝糜?

3. 为什么测定碘仿反应中剩余的碘可以计算出样品中丙酮的含量?

第二单元 综合性实验

生物化学综合性实验是基础性实验的延伸，是在学生掌握生物化学实验基础知识、方法和技能的前提下，对学生实验技能和方法进行综合训练的一种复合型实验。生物化学综合性实验整合了生物化学实验课程的相关知识点，有着一定的复杂度和难度，体现着知识点之间的内在相互联系。生物化学综合性实验的目的在于加强学生观察实验现象、准确记录实验数据、正确处理与分析实验结果的技能，培养学生对生物化学实验知识、方法、技能的融会贯通能力，培养学生团结互助的团体精神和组织协调能力，进一步锻炼和提升学生对生物化学实验知识、方法和技能的综合应用能力。

本单元选择的实验项目具有实验内容联系紧密、实验方法系统多元、实验结果综合多样的特点，引导学生模拟科学研究和生产实践情境，通过多样化的生物化学实验知识、方法、技能的综合应用，系统训练学生综合运用多种生化实验方法和技术开展实验的能力，锻炼学生运用理论知识和实验技术开展初步科学实践的能力，培养学生运用所学生物化学实验知识、方法和技能解决实际问题的科研思维和实践能力。

实验三十　蛋白质分子量的测定
——凝胶层析法

一、实验目的

掌握凝胶层析法测定蛋白质分子量的基本工作原理，学习和掌握凝胶层析法测定蛋白质相对分子质量的操作方法。

二、实验原理

凝胶层析法是根据生物分子大小不同而将其分离开的一种方法。在洗脱过程中，大分子由于直径大于凝胶孔径，所以不能进入凝胶内部而完全被排阻在外，沿凝胶颗粒间的空隙最先流出柱外，而小分子不被排阻，可以进入凝胶内部，自由扩散，流速缓慢，故小分子最后流出柱外。而一些中等大小的分子，只能进入一部分孔径较大的凝胶，亦即部分排阻，因此这些分子从柱中流出的顺序也介于大、小分子之间。样品经过凝胶层析后，分子便按照从大到小的顺序依次流出，达到分离的目的。

对于任何一种被分离的化合物而言，其在凝胶层析柱中被排阻的范围均应在0%～100%，其被排阻的程度可以用有效分配系数 K_{av} 表示，K_{av} 系指被分离化合物在内水和外水体积中的比例关系。K_{av} 值的大小和凝胶柱床的总体积(V_t)、外水体积(V_0)以及被分离物本身的洗脱体积(V_e)有关：

$$K_{av}=(V_e-V_0)/(V_t-V_0)$$

式中：V_0 称为外水体积，又称孔隙体积或外体积，即存在于柱床内凝胶颗粒之间空隙之间的水相体积；V_e 为洗脱体积，为自加入样品时算起，到组分最大浓度(峰)出现时所流出的体积。

在限定的层析条件下，V_t 和 V_0 都是恒定值，而 V_e 是随着被分离物分子量的变化而改变的。分子量大，V_e 值小，K_{av} 值也小；反之，分子量小，V_e 值大，K_{av} 值也大。

有效分配系数 K_{av} 是判断分离效果的一个重要参数，同时也是测定蛋白质分子量的一个依据。在相同层析条件下，被分离物质 K_{av} 值差异越大，分离效果越好；反之，K_{av} 值差异小，则分离效果差或根本不能分开。在实际的实验中，可以实测出 V_t、V_0 及 V_e 的值，从而计算出 K_{av} 的大小。

对于某一特定型号的凝胶，在一定的分子量范围内，各个组分的 K_{av} 以及 V_e 与其分子量的对数 $\lg Mr$（Mr 表示蛋白质的相对分子质量）呈线性关系：

$$K_{av} = -\mathrm{b}\ \lg Mr + \mathrm{C}$$
$$V_e = -\mathrm{b}'\lg Mr + \mathrm{C}'$$

式中：b、C、b′、C′为常数。

通过将一些已知分子质量的标准蛋白质在同一凝胶柱上以相同条件进行洗脱，分别测定 V_e 或 K_{av}，并根据上述的线性关系绘出标准曲线，然后在相同条件下测定未知样品的 V_e 或 K_{av}，通过标准曲线即可求出未知样品的分子质量。

本方法的缺点是测量结果的准确性受多种因素的影响。标准品或样品如对凝胶有一定的吸附作用，测量的误差就会较大。测定糖蛋白时，由于糖的水合作用较强，测定的分子量偏大，而测定铁蛋白分子量时测定值则偏小。凝胶层析法不适用于测定纤维蛋白等细长形状的蛋白质。

三、实验用品

1. 材料

牛血清蛋白，鸡卵清蛋白，胰凝乳蛋白酶原 A，结晶牛胰岛素。

2. 器材

梯度混合仪；层析柱（1 cm×100 cm），恒流泵，核酸蛋白检测仪（或紫外分光光度计），自动部分收集器，记录仪，小试管（15×100），玻璃棒，烧杯，量筒。

3. 试剂

(1)葡聚糖凝胶（Sephadex G-75 或 Sephadex G-100）；3 mg・mL^{-1} 蓝色葡聚糖-2000 标准液；0.025 mol・L^{-1} KCl-0.2 mol・L^{-1} HAc 洗脱溶液；未知蛋白样品。

(2)3 mg・mL^{-1} 标准蛋白溶液。牛血清蛋白（Mr＝67 000）、鸡卵清蛋白（Mr＝43 000）、胰凝乳蛋白酶原 A（Mr＝25 000）、结晶牛胰岛素（pH 2～6 时为二聚体，Mr＝12 000）。

四、操作步骤

1.凝胶的预处理

取葡聚糖凝胶干粉，加过量的蒸馏水室温充分溶胀 24～48 h（溶胀时间因凝胶交联度不同而不同），或沸水浴中溶胀 3 h，这样不但可以大大缩短溶胀时间，而且能够杀死细菌和霉菌，并可排出凝胶内气泡。溶胀过程中注意不要过分搅拌，以防颗粒破碎。待溶胀平衡后用倾泻法倾去不易沉下的较细颗粒，使凝胶颗粒大小一致，以保证流速稳定，获得较好的实验结果。最后凝胶经减压抽气除去气泡，即可准备装柱。

2.凝胶层析系统的组装

按照图 30-1 所示将梯度混合仪、恒流泵、层析柱、核酸蛋白检测仪、自动部分收集器、记录仪等逐一连接，备用。

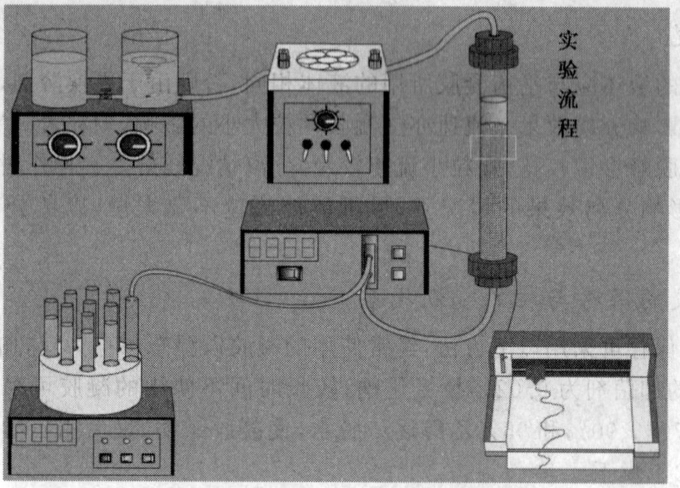

图 30-1　凝胶层析系统的组装

3.装柱

装柱前，先加适量溶剂到层析柱内，排走柱底部的空气，并将柱内液体高度调节为整个柱高的 1/4～1/3。将浸泡好的凝胶搅匀后连续倾入柱中，待其自然沉降至柱高的 1/4～1/3 时打开柱下端出口，让溶剂慢慢流出，使柱上凝胶徐徐下降至需要的高度（注意不要将流速开得过大超过洗脱时的流速）。柱装好后凝胶表面要平整，应使其一直浸没在溶剂中，严防产生气泡。装好的层析柱应立即与洗脱剂连接，调节流速，并且再通过2～3倍柱床体积的溶剂使柱床稳定(即平衡)，并使固定相高度恒定，柱内离子强度与洗脱剂一致。

装柱要求达到连续、均匀、无气泡、无“纹路”。要检验新装好柱的均一性，可用蓝色葡聚糖-2000等带色的高分子物质配成2 g·L^{-1}的溶液过柱，看色带是否均匀下降；或将柱管朝光照方向用眼睛观察。若层析柱床不均一，必须重新装柱。

4. 加样

样品上柱是实验成败的关键之一。如果样品稀释或上柱不均，将会使区带扩散，影响层析效果。上样时应尽量保持床面的稳定。先打开柱的出口，当溶剂(平衡液)流到与固定相表面一致位置时，用滴管轻轻地把待分离样品的溶液沿内壁均匀地加到柱床表面，要尽量避免将床面凝胶冲起。待样品液的液面流到固定相表面(即样品液全部进入固定相)时，用滴管加入洗脱剂至固定相表面一定高度(5 cm)，并在柱上端与洗脱剂连接，开始洗脱。加样的同时柱下端与部分收集器接通，进行样品收集。

5. 洗脱

洗脱用的液体应与平衡凝胶所用的液体相同，否则由于更换溶剂，凝胶体积会发生变化而影响分离效果。流速亦受凝胶颗粒大小的影响，颗粒大时流速较大，但流速大时洗脱峰形常较宽，颗粒小流速较慢，分离情况较好。在操作时应根据实际需要，在不影响分离效果的情况下，尽可能使流速不要太慢，以免分离所需时间过长。

6. 凝胶的保存与柱的重新填装

凝胶的保存可采用以下方法：经常使用的凝胶以湿态保存为宜，加入适当的抑菌剂，常用的抑菌剂为0.02%叠氮化钠；较长时间不使用的凝胶可采用干燥保存法，依次用70%、90%和95%乙醇逐步脱水，使凝胶皱缩，最后用乙醚洗涤干燥或在60～80℃下烘干。

一般情况下，葡聚糖凝胶柱无须特殊的“再生”处理，可以反复使用。但是在实际使用过程中，凝胶颗粒可能逐渐沉积压紧，造成流速的逐渐减低，这时就需要将凝胶倒出，重新填装、平衡后方可继续使用。

7. 标准曲线的制作

选用分子量约200万的蓝色葡聚糖-2000(或一种不被凝胶滞留的有颜色的大分子物质，便于观察)，上柱、洗脱，蓝色葡聚糖-2000洗脱体积V_e即为该柱的V_0值。

按上述方法，将牛血清蛋白、鸡卵清蛋白、胰凝乳蛋白酶原A、结晶牛胰岛素标准蛋白质混合溶液上柱，洗脱，核酸蛋白检测仪 280 nm 处检测，记录洗脱曲线，并用自动部分收集器收集洗脱溶液。以洗脱体积或管号为横坐标，吸光度值为纵坐标作出洗脱曲线。

根据标准蛋白质洗脱峰位置，量出每种蛋白质的洗脱体积 V_e。以蛋白质相对分子质量的对数 $\lg Mr$ 为纵坐标，V_e 为横坐标，绘制标准曲线。

通过测量层析柱的直径和柱床的高度，计算得知 V_t，结合已经测出的 V_0，计算出 K_{av}。

或以 K_{av} 为横坐标，$\lg Mr$ 为纵坐标作出标准曲线。

8. 未知蛋白样品分子量的测定

完全按照标准曲线的条件操作。根据核酸蛋白检测的洗脱峰位置，对照标准曲线，计算得出未知蛋白样品的相对分子质量。

五、注意事项

(1)层析柱粗细必须均匀，柱管大小可根据实际需要选择。

(2)组装凝胶层析系统时，各接头不能漏气，连接用的小乳胶管不要有破损，否则容易造成漏气、漏液等现象。

(3)装柱要均匀，不过松也不过紧，最好在要求的操作压下装柱。流速不宜过快，避免因此而压紧凝胶；但也不宜过慢，使柱装得太松，导致层析过程中，凝胶床高度下降。

(4)洗脱用的液体应与凝胶溶胀所用液体相同，否则，由于更换溶剂可能引起凝胶容积变化，从而影响分离效果。

六、思考题

1. 利用凝胶层析法测定蛋白质分子质量的工作原理是什么？实验操作中有哪些注意事项？

2. 相对分子质量为 8 万和 10 万的蛋白质能否在 Sephadex G-75 柱中分开？为什么？

3. 请解释柱床体积 V_t、外水体积 V_0、洗脱体积 V_e 的含义，并说明有效分配系数 K_{av} 如何确定。

实验三十一　牛奶中酪蛋白的提取与含量测定

一、实验目的

了解蛋白质的两性解离性质，学习利用 pH 沉淀反应法测定蛋白质等电点的实验方法；掌握用等电点沉淀法从牛奶中制备酪蛋白的操作方法；学习和掌握双缩脲法定量测定蛋白质含量的基本原理与操作技术。

二、实验原理

蛋白质是两性电解质。蛋白质分子中除两端的氨基和羧基可解离外，氨基酸残基侧链中某些基团，在不同的 pH 溶液中可解离成正离子或负离子，因此蛋白质分子既可带有正电荷又可带有负电荷，这种性质称为蛋白质的两性解离。当溶液的 pH 达到一定数值时，蛋白质颗粒上所带的正负电荷的数目相等，在电场中，蛋白质既不向阴极移动，也不向阳极移动，此时溶液的 pH 称为此种蛋白质的等电点。

不同蛋白质的等电点各有特异。在等电点时，蛋白质的理化性质都有变化，可利用此种性质的变化来进行各种蛋白质等电点的测定。最常用的方法是测蛋白质溶解度最低时的溶液 pH。实验通过向不同 pH 的缓冲液中加入酪蛋白后，观察在不同 pH 溶液中的酪蛋白溶解度，沉淀出现最多的缓冲液的 pH 即为酪蛋白的等电点。

蛋白质是一种比较稳定的亲水胶体。其保持稳定的因素在于：①蛋白质颗粒含有氨基、羧基、巯基等很多极性基团，在水溶液中蛋白质颗粒表面形成水化层；②非等电点状态时，蛋白颗粒带有相同电荷，互相排斥。但若调节蛋白质溶液的 pH 至等电点，并加入脱水剂或加热，蛋白质颗粒表面的电荷层和水化层被破坏，蛋白质分子就相互凝聚而析出。等电点沉淀法主要就是利用两性电解质分子在等电点时溶解度最低，而多种两性电解质具有不同等电点的原理而进行分离的一种方法。

牛奶是一种主要由水、脂肪、蛋白质、乳糖和盐组成的乳状液。酪蛋白是牛奶中的主要蛋白质(含量约为 35 $g \cdot L^{-1}$)，是一种含磷蛋白质的复杂混合物，其等电点 pI 约为 4.7。利用等电点时蛋白质溶解度最低的性质，将牛奶的 pH 调至 4.7

时，酪蛋白会从牛奶中沉淀出来，以此提取酪蛋白。因酪蛋白不溶于乙醇和乙醚，可用此两种溶剂除去酪蛋白中的脂肪。生产中常将等电点沉淀法与有机溶剂沉淀法、盐析法并用，以提高沉淀的效果。

双缩脲(NH_2-CO-NH-CO-NH_2)是两分子尿素(脲)经180℃左右加热，释出一分子氨(NH_3)而形成的产物。双缩脲反应的实质是在碱性溶液中Cu^{2+}与双缩脲结合形成复杂的紫色络合物。而蛋白质及多肽的肽键与双缩脲的结构类似，也能与铜离子在碱性环境中发生双缩脲颜色反应。反应如下：

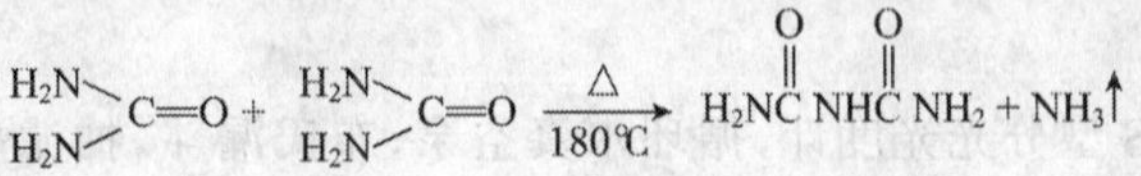

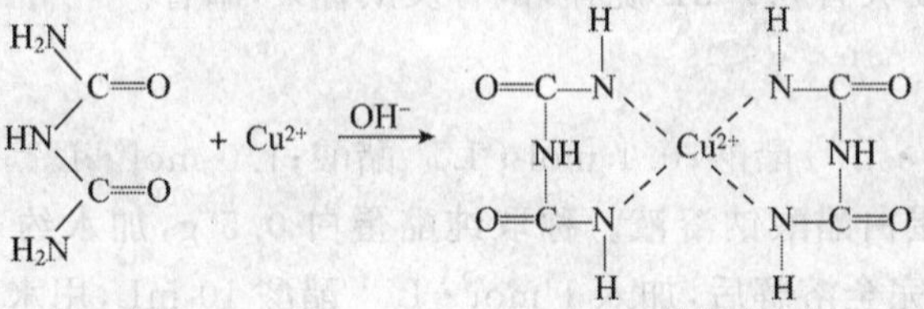

双缩脲 双缩脲络合物

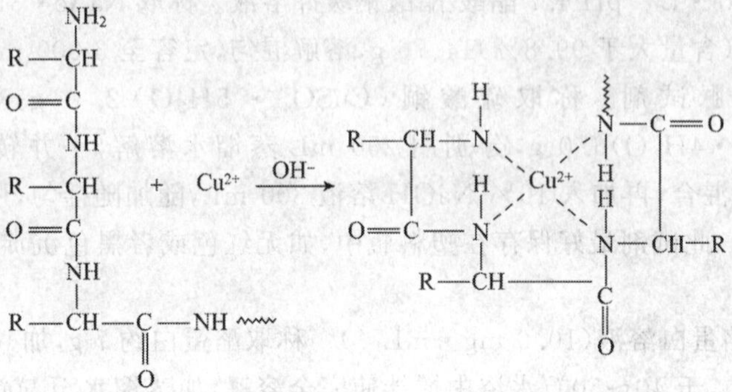

多肽链 类双缩脲缩合物

在一定的浓度范围内，反应生成的络合物颜色深浅与蛋白质含量的关系符合比尔定律。蛋白质浓度越高，体系的颜色越深，且反应产物在540 nm处有最大光吸收，故可用双缩脲法测定蛋白质的含量。

双缩脲反应主要涉及肽键，与蛋白质的分子量及氨基酸成分无关，受蛋白质特异性影响较小，是蛋白质浓度分析的常用方法之一。本方法操作简便，使用试剂价廉易得，可测定的范围为1～10 mg蛋白质。但本法缺点是灵敏度较低、干扰物质较多、所需样品量大。

本综合实验以牛奶为实验材料，综合了 pH 沉淀反应测定酪蛋白等电点、等电点沉淀法从牛奶中提取酪蛋白、双缩脲反应法测定所提取的酪蛋白含量等系列操作，使学生具备初步的蛋白质提取的工艺化思维。

三、实验用品

1. 材料

消毒牛奶。

2. 器材

离心机，722S 型分光光度计，循环水真空泵，布氏漏斗，抽滤瓶，恒温水浴锅，表面皿，量筒，刻度吸管，50 mL 烧杯，试管及试管架，滴管。

3. 试剂

(1)0.01 $mol \cdot L^{-1}$ 醋酸；0.1 $mol \cdot L^{-1}$ 醋酸；1.0 $mol \cdot L^{-1}$ 醋酸。

(2)0.5%酪蛋白醋酸钠溶液。称取纯酪蛋白 0.5 g，加水约 40 mL 及 0.4 g NaOH，待酪蛋白完全溶解后，加入 1 $mol \cdot L^{-1}$ 醋酸 10 mL，用水稀释到 100 mL，冰箱保存。

(3)0.2 $mol \cdot L^{-1}$ pH 4.7 醋酸-醋酸钠缓冲溶液。称取 $NaAc \cdot 3H_2O$ 48.18 g，量取优纯醋酸(含量大于 99.8%)14.76 g，溶解混匀，定容至 3 000 mL。

(4)双缩脲试剂。称取硫酸铜($CuSO_4 \cdot 5H_2O$)2.0 g，酒石酸钾钠($KNaC_4H_4O_6 \cdot 4H_2O$)6.0 g，分别用 250 mL 蒸馏水溶解，一并转移至容量瓶(1 000 mL)中混合，再加入 10% NaOH 溶液 300 mL，随加随摇匀，用蒸馏水稀释至 1 000 mL。此试剂最好保存在塑料瓶中，如无红色或者黑色沉淀出现，可长期使用。

(5)标准酪蛋白溶液(10.0 $mg \cdot mL^{-1}$)。称取酪蛋白约 7 g，加 0.2 $mol \cdot L^{-1}$ NaOH 250 mL，于 40～50℃水浴中搅拌使完全溶解，加蒸馏水至 500 mL，用凯氏定氮法测定该蛋白质溶液的浓度，然后稀释至标准浓度(约 10.0 $mg \cdot mL^{-1}$)，装入试剂瓶，−4℃保存备用。

(6)0.2 $mol \cdot L^{-1}$ NaOH；95%乙醇；乙醇-乙醚等体积混合液；无水乙醚。

四、操作步骤

(一)pH 沉淀反应测定酪蛋白等电点

按表 31-1 添加试剂测定酪蛋白等电点。

表 31-1　pH 沉淀反应测定酪蛋白等电点

项　目	管　号				
	1	2	3	4	5
水/mL	3.4	3.7	3.0	—	2.4
0.01 $mol \cdot L^{-1}$ 醋酸/mL	0.6	—	—	—	—
0.1 $mol \cdot L^{-1}$ 醋酸/mL	—	0.3	1.0	4.0	—
1.0 $mol \cdot L^{-1}$ 醋酸/mL	—	—	—	—	1.6
0.5%酪蛋白醋酸钠溶液/mL	1.0	1.0	1.0	1.0	1.0
	充分摇匀，静置 15 min				
溶液的最终 pH	5.9	5.3	4.7	4.1	3.5
溶液混浊沉淀程度					
酪蛋白带何种电荷					

待试管中溶液充分摇匀后，室温静置 15 min，观察各试管中溶液的混浊度或沉淀情况，以“+、++、+++、-、--”等符号表示并记录实验结果。其中，开始混匀后浑浊度最高、静置后沉淀最多的试管的 pH 即为实验测定的酪蛋白的等电点。

(二)牛奶中酪蛋白的提取

取预先放冰箱中冷却的消毒牛奶 6 mL，3 000 $r \cdot min^{-1}$ 离心 10 min，吸去脂肪层并小心倾倒至 50 mL 烧杯内，40℃左右恒温水浴加热，在搅拌下慢慢加入 10 mL 左右 40℃预热的 0.2 $mol \cdot L^{-1}$ pH 4.7 醋酸-醋酸钠缓冲液，此时混合液中有大量絮状物沉下。将反应液冷至室温，3 000 $r \cdot min^{-1}$ 离心 10 min，弃去上清液，得酪蛋白粗品。

用蒸馏水洗酪蛋白沉淀粗品 3 次（每次 5 mL 左右），3 000 $r \cdot min^{-1}$ 离心 10 min，弃去上清液。

将蒸馏水洗后的沉淀置研钵研碎，渐加 5 mL 95%乙醇，静置片刻，将悬浮液转移至布氏漏斗抽滤。抽干后的制品用乙醇-乙醚等体积混合液洗沉淀 2 次（每次 5 mL），最后用无水乙醚洗沉淀 2 次（每次 5 mL），抽干。

将沉淀摊开在表面皿上，风干（或烘箱烘干），得酪蛋白制品。称重，记录，计算酪蛋白提取得率。

$$酪蛋白提取得率=测定含量/理论含量\times100\%$$

式中：测定含量为酪蛋白克数/100 mL 试样；理论含量 3.5 g 酪蛋白/100 mL 牛奶。

(三)双缩脲法测定酪蛋白含量

1.酪蛋白标准曲线的制作

取6支试管,按表31-2加入各试剂。

表31-2 酪蛋白标准曲线的制作

试剂/mL	管号					
	0	1	2	3	4	5
标准酪蛋白溶液	0	0.2	0.4	0.6	0.8	1.0
水	1.0	0.8	0.6	0.4	0.2	0
双缩脲试剂	4.0	4.0	4.0	4.0	4.0	4.0
	充分混匀					
	室温放置30 min					
$OD_{540\ nm}$						

每加一种试液均须混匀,待室温反应30 min后,以0号管作为空白对照管,于540 nm处分光光度计测定各管OD值。以标准酪蛋白(mg)为横坐标,540 nm对应吸光度值为纵坐标,绘制酪蛋白标准曲线。

2.样品中酪蛋白测定

称取步骤(二)中制备的酪蛋白0.1 g置于100 mL烧杯中,加入5 mL 0.2 mol·L^{-1}氢氧化钠溶液,玻璃棒搅匀,隔水加热溶解,100 mL容量瓶以蒸馏水定容,冰箱中保存备用。

样品中酪蛋白的测定按表31-3操作。

表31-3 样品中酪蛋白的测定

试剂/mL	管号			
	0	1	2	3
样品	0	1.0	1.0	1.0
双缩脲试剂	4.0	4.0	4.0	4.0
	充分混匀			
	室温放置30 min			
$OD_{540\ nm}$				

以0号管作为空白对照管,于540 nm处测定吸光度值。根据测定的样品酪

蛋白的吸光度值，在标准曲线上查出其对应的蛋白毫克数，计算可到酪蛋白溶液的质量浓度（$mg \cdot mL^{-1}$）。

五、注意事项

(1)整个实验操作过程中，各种试剂的浓度和加入量必须准确。

(2)应用等电点沉淀法来制备酪蛋白时，调节牛奶液的等电点一定要准确，而且牛奶与缓冲液要预热，缓冲液要边加边搅拌。

(3)酪蛋白精制过程用的乙醚是具有挥发性、有毒的有机溶剂，最好在通风橱内操作。

(4)在热处理牛乳过程中可能有一些乳清蛋白沉淀出来，其沉淀量依热处理条件不同而有差异，因此测定出来的酪蛋白值可能要高于相应的实际值或理论值。

(5)凡含有 2 个肽键和 2 个—$CSNH_2$、—$CRHNH_2$、—$CHNH_2$—$CHNH_2$—CH_2OH、—CHOH—CH_2OH、—CHOH—CH_2NH 及乙二酰二胺等物质都会发生双缩脲反应，因而，有此反应的物质不一定都是蛋白质或多肽。

六、思考题

1. 什么是蛋白质的等电点？它有什么实际应用价值？

2. 制备高产率高纯度酪蛋白的关键是什么？

3. 双缩脲法测定蛋白质的原理是什么？还有其他什么方法可以用来测定蛋白质的含量？并比较其优缺点。

4 试设计一个利用蛋白质其他性质提取蛋白质的实验。

实验三十二　豆磷脂的制备与鉴定

一、实验目的

了解大豆油脚为原料制备豆磷脂的工艺；学习用钼蓝法定磷测定豆磷脂含量的原理和操作技术；掌握薄层层析法定性、定量测定豆磷脂各组分的原理和方法；学习从豆磷脂的混合物中分离卵磷脂（PC）的原理和方法。

二、实验原理

磷脂在动物和植物体内广泛存在。在动物体内，磷脂主要存在于脑、肾、肝等器官内；在植物中，磷脂主要存在于种子、坚果及谷物中。在动物性磷脂原料中，以蛋黄含量最为丰富；在植物性磷脂原料中，以大豆含量最高。大豆磷脂的组成成分复杂，主要有卵磷脂（磷脂酰胆碱，PC，约 34.2%）、脑磷脂（磷脂酰乙醇胺，PE，约 19.7%）、肌醇磷脂（磷脂酰肌醇，PI，约 16.0%），还有丝氨酸磷脂（磷脂酰丝氨酸，PS，约 15.8%）、磷脂酸（PA，约 3.6%）及其他磷脂（约 10.7%），其中最典型的是前 3 种。

磷脂是含磷酰有机物的甘油二脂肪酸酯，即甘油中的 3 个羟基有两个与脂肪酸结合成酯，另一个与含磷的有机物以酯键相结合。其化学通式如下：

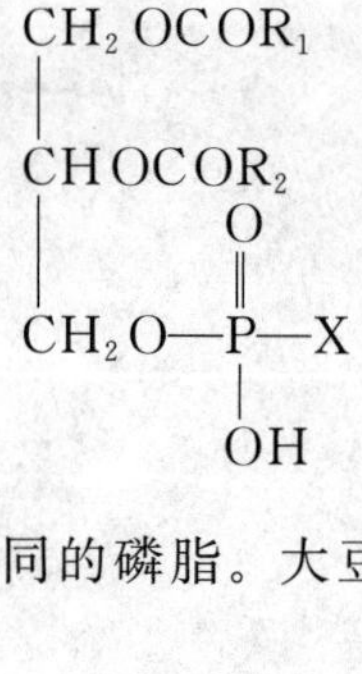

式中：X 是不同的基团，因而有不同的磷脂。大豆磷脂的 3 种主要磷脂的 X 结构如下：

卵磷脂	$—CH_2CH_2N^+(CH_3)_3$
脑磷脂	$—CH_2CH_2N^+H_3$
肌醇磷脂	$—C_6H_6(OH)_5$

磷脂一般为无毒无味或仅有淡淡气味的液体，其黏度差别很大，可稠至蜡状。依加工和漂白程度不同，颜色从浅黄色到棕色不等。磷脂不耐高温，也没有清晰的熔点，随着温度升高逐渐软化成液滴，100℃以上开始氧化直至分解。

磷脂在不同溶剂中的溶解度差别很大，可以溶解于乙醚、苯、三氯甲烷等溶剂，也可溶于脂肪酸和矿物油，但不溶于丙酮。利用磷脂在不同溶剂中溶解度的差别可以将其提取与精制。大豆油脚中的磷脂是游离羟基式结构，具有较强亲水性，可采用有机溶剂萃取油脚中油脂的方法，将中性油和磷脂进行分离，制备粉状磷脂。乙酸乙酯是一种较好的有机溶剂。在一定条件下，乙酸乙酯在不破坏水化磷脂和水的亲和力的前提下可萃取出油脚中的中性油脂，同时，乙酸乙酯还可以使油脚中的磷脂由大胶团变成松散的小胶粒沉淀于溶剂中，具备较好的分离效果。

磷脂是多种组分的混合物，其分析技术和检测方法是比较复杂和烦琐的。目前，用于总磷脂含量的测定方法有钼蓝比色法、重量法、紫外分光光度法等。钼蓝比色法测定磷脂含量时，磷脂须经消化处理。磷脂的消化处理是将样品与硝酸-高氯酸（HNO_3-$HClO_4$）的混合液共热，分解样品中的有机质，释放出无机质。HNO_3分解时可放出新生态氧，其具有很强的氧化力，可将有机质分解成 H_2O 和 CO_2；在加热时 $HClO_4$ 能释放出具有更强氧化力的新生态氯和氧，可加速有机质分解成可溶性无机盐类；消化液经定容即可用于测定磷。磷脂经消化后加入钼酸铵，在还原剂抗坏血酸存在的条件下，还原磷钼酸产生蓝色，在 700 nm 波长处测得磷含量，然后换算出磷脂的含量。

豆磷脂中各组分存在着极性差别（PC＞PI＞PE），在展层剂中磷脂各组分与薄层板上吸附剂之间作用力的大小不同，则 R_f 值不同。用薄层硅胶作支持介质，选用三氯甲烷∶甲醇∶水为展层剂的层析系统中，磷脂中各组分的迁移速率不同，从而可达到分离的目的。若选用标准磷脂样品作为对照，可通过磷脂的 TLC 钼蓝法显色，定性或定量对各组分进行分析测定。

卵磷脂（PC）在低级醇中溶解度大，而脑磷脂（PE）、肌醇磷脂（PI）具有不溶于低级醇的特性，可用乙醇进行卵磷脂（PC）的萃取，实现卵磷脂（PC）的富集。

大豆油脚是大豆生产豆油过程中产生的副产品，其中磷脂的含量一般在1.5%～3.0%。长期以来，大豆油脚没有得到很好的利用，只用作低质肥皂的生产原料，有的甚至作废物弃掉，既造成了资源的极大浪费，又造成了对环境的严重污染。本综合实验以大豆油脚为材料，综合了豆磷脂的制备、豆磷脂的定量测定、豆磷脂的薄层层析、卵磷脂（PC）的乙醇富集等系列操作和常规分析技术，可训练学生了解和掌握农业产品的综合开发、利用的一般方法和基本思路。

三、实验用品

1. 材料

大豆油脚。

2. 器材

恒温水浴锅，磁力搅拌器，蒸馏回收装置，抽滤装置，分析天平（电子天平），调温电炉，分光光度计，层析缸，烘箱，薄层扫描仪，离心机，量筒，刻度吸管，烧杯，研钵，锥形瓶，容量瓶，试管及试管架，滴管。

3. 试剂

(1)磷标准贮备液。称取经过烘干的 KH_2PO_4 0.439 4 g 溶于水，定容至 1 000 mL，混匀。此为每毫升相当于含磷 100 μg 的磷标准贮备液。

(2)磷标准工作液。量取磷标准贮备液稀释 10 倍，此试剂需要现用现配。

(3) 4.8 $mol \cdot L^{-1}$ 硫酸溶液。量取 26.1 mL 浓硫酸，缓慢注入 70 mL 水中，稀释到 100 mL。

(5)5%钼酸铵溶液。称取 5 g 钼酸铵于 70 mL 水中，加入 2 滴 4.8 $mol \cdot L^{-1}$ 硫酸，溶解后加水至 100 mL。

(6)0.6%酒石酸锑钾溶液。称取 0.6 g 酒石酸锑钾溶解于 100 mL 水中。此试剂 48 h 内可用。

(7)24%抗坏血酸溶液。称取 2.4 g 抗坏血酸溶于 10 mL 水中。此试剂 48 h 内可用。

(8)乙酸乙酯，浓硝酸，70%过氯酸（$HClO_4$），三氯甲烷，甲醇，浓盐酸，硫酸，硫酸肼，钼酸钠，薄层层析硅胶 G，95%乙醇，丙酮。

(9)标准磷脂样品。磷脂酰胆碱（PC），磷脂酰乙醇胺（PE），磷脂酰肌醇（PI）。

四、操作步骤

（一）豆磷脂的制备

称取油脚 10.0 g 于锥形瓶中，加入 2 倍量的乙酸乙酯，充分混匀。在 45～50℃恒温水浴中不断搅拌 30 min，放在－10℃静置 20 min。将静置液 4 000 $r \cdot min^{-1}$ 离心 15 min，取沉淀。

沉淀用乙酸乙酯重复上述步骤萃取 2～3 次，所得沉淀即为较纯的豆磷脂。然后将其置于 60℃烘箱干燥 8 h，取出以研钵碾碎，即得粉状磷脂产品。

(二)豆磷脂的定量测定

1. 消化

准确称取所提取的粉状豆磷脂样品 1.000 g 于三角瓶中，慢慢加入 100 mL 浓 HNO_3。轻轻转动三角瓶，使样品润湿。三角瓶口上放一小漏斗，将其放置在通风橱内过夜。然后加入 2 mL 70% $HClO_4$ 于三角瓶内，摇匀。将三角瓶置于调温电炉上，先低温消煮，使消煮液保持微沸状态，至黄棕色 NO_2 气体不再放出时，逐渐升高温度。当出现大量白烟而消煮液仍为棕色或黄色时，取下三角瓶，补加浓 HNO_3 溶液 1～2 mL，继续加热至消煮液呈无色清液为止。冷却，用热的蒸馏水冲洗三角瓶，将消煮液于 100 mL 容量瓶中定容，备用。若出现沉淀则需过滤。

2. 磷含量的测定

(1)磷含量标准曲线的绘制。按表 32-1 加入试剂，制作磷含量标准曲线。

表 32-1　磷含量标准曲线的绘制

试剂/mL	管号						
	0	1	2	3	4	5	6
磷标准工作液	0	0.10	0.30	0.50	0.70	0.90	1.10
水	20	19.9	19.7	19.5	19.3	19.1	18.9
4.8 $mol \cdot L^{-1}$ H_2SO_4	2	2	2	2	2	2	2
	充分摇匀						
5%钼酸铵	0.8	0.8	0.8	0.8	0.8	0.8	0.8
	充分摇匀						
0.6%的酒石酸锑钾	0.8	0.8	0.8	0.8	0.8	0.8	0.8
	充分摇匀 待浑浊消失后						
24%的抗坏血酸	0.6	0.6	0.6	0.6	0.6	0.6	0.6
	容量瓶定量至 25 mL 室温 15～35℃放置 20 min						
$OD_{700\ nm}$							

以 0 号管作空白对照，在波长 700 nm 处测定吸光度值。以吸光度值为纵坐

标，反应液磷含量($\mu g \cdot mL^{-1}$)为横坐标，绘制标准工作曲线。

(2)样品磷含量的测定。根据待测样品中的磷含量，取一定量的消化液于25 mL容量瓶中，按标准曲线制作方法进行显色和700 nm处比色测定。将测得的吸光度值在标准曲线上查出所对应的反应液磷含量($\mu g \cdot mL^{-1}$)。

3.结果计算

按下式计算样品中磷的含量：

$$\text{P的百分含量} = \frac{A \times V \times \text{稀释倍数}}{W \times 10^6} \times 100\%$$

式中：A为标准曲线上查得反应液磷含量($\mu g \cdot mL^{-1}$)；V为反应液体积；W为样品重(g)。

油脚中磷脂的含量，用磷含量(P)乘以转换系数25(磷脂与磷含量之比值)即可。

(三)豆磷脂的薄层层析

1.标准样品溶液的配制

准确称取磷脂酰胆碱(PC)、磷脂酰乙醇胺(PE)、磷脂酰肌醇(PI)标准品各0.050 0 g溶解于少量三氯甲烷中，25 mL容量瓶定容，摇匀，4℃冰箱保存备用。

2.待测样品溶液的配制

准确称取自制豆磷脂粉0.200 0 g溶解于少量三氯甲烷中，10 mL容量瓶定容，摇匀，4℃冰箱中保存备用。

3.磷脂显色剂的配制

称取3.0 g钼酸钠，加入15 mL水溶解，再加入15 mL浓盐酸，混匀即得溶液A；称取0.3 g硫酸肼，加入25 mL水加热溶解，即得溶液B。将溶液A、B合并，置于50℃恒温水浴30 min，冷却，加水定容至250 mL，棕色瓶中避光保存，备用。

4.展层剂的配制

准确量取65 mL三氯甲烷，25 mL甲醇，4 mL蒸馏水，混匀，备用。

5.薄层硅胶板的制作

称取薄层硅胶G 4.0 g，加入10 mL水(内含1% CMC，2 mL)，玻璃棒搅拌调匀后于5 cm×20 cm玻璃薄板上均匀铺层。玻璃板水平放置，室温下自然干燥。使用前于105℃活化1.5 h，存放在干燥器内，冷却备用。

6. 点样

准确吸取标准样品溶液及待测样品溶液各 20 μL，于硅胶板上距底边 2 cm 处点样。加样后原点扩散直径不超过 3 mm。

7. 展层

点样后，硅胶板于三氯甲烷：甲醇：水＝6：25：4 展层剂中饱和 20 min，再上行层析展开。当溶剂前沿上行到距离层析板顶端约 2 cm 时停止展层。用铅笔轻轻绘出溶剂前沿。

8. 显色

待溶剂挥干后，均匀喷上磷脂显色剂，再喷 10% 硫酸甲醇溶液，出现蓝色斑点。

9. 分析与测定

定性分析时，测定各样品的 R_f 值，并与标准样品的 R_f 值对比，判断出各组分。

定量测定时，使用薄层扫描仪对硅胶板进行扫描分析。

(四) 卵磷脂(PC)的乙醇富集

称取 10 g 浓缩大豆磷脂于 100 mL 锥形瓶中，加入 40 mL 95% 的乙醇溶液搅拌 20 min，使卵磷脂(PC)充分溶解。4 000 $r \cdot min^{-1}$ 离心 20 min，分别收集上清液和沉淀。

将沉淀转入 100 mL 锥形瓶中，加入 40 mL 95% 乙醇，充分搅拌溶解。4 000 $r \cdot min^{-1}$ 离心 20 min，分别收集上清液和沉淀。

合并两次收集的上清液，加入蒸馏烧瓶中，置于 80℃ 恒温水浴锅减压蒸馏，至没有或者只有少量乙醇液体滴出为止(注意不要使溶液蒸干)，乙醇回收备用。

用丙酮洗涤蒸馏烧瓶，少量多次，将洗涤液全部转入锥形瓶中。4 000 $r \cdot min^{-1}$ 离心 20 min 收集沉淀，置于恒温干燥器中 70℃ 干燥，称重，即得较纯的卵磷脂(PC)产品。

五、注意事项

(1) 豆磷脂提取时，因用的油脚料不同方法会有差别。

(2) 用钼蓝法测磷时，酸度过高或过低都会影响结果，故需要控制一定酸度，而且试剂浓度和取样量必须准确。

(3) 用磷脂显色剂喷薄层板，必须均匀。显色斑点呈蓝色，背景类白色，但板干后 2 h 左右背景变蓝，故喷 10%硫酸甲醇溶液，可以避免背景变蓝，提高薄层板的稳定性，有利于测定。

(4)粗磷脂和豆磷脂均含有不饱和脂肪酸，极易在空气中氧化形成过氧化物，故在制备和贮藏中要避免接触空气。

(5)豆磷脂制备中为获得较高产率，要求操作细致，尽可能减少损失。

六、思考题

1. 做好本实验的关键步骤有哪些？为什么？

2. 简述钼蓝法定磷测定豆磷脂含量的原理及基本操作步骤。

3. 简述薄层层析法定性、定量分析豆磷脂各组分的原理和主要操作过程。

4. 说明卵磷脂(PC)乙醇富集的主要原理。

实验三十三　酵母蔗糖酶的分离提取及效果分析

一、实验目的

了解酵母中蔗糖酶分离提取的基本方法和操作过程；学习酶（蛋白质）分离提取中的细胞破壁、有机溶剂分级沉淀、透析技术等常用技术；掌握蔗糖酶活力测定的原理和方法；熟悉酶蛋白质比活力、纯化倍数、产量（回收率）的概念与计算运用。

二、实验原理

蔗糖酶又称转化酶，糖苷酶之一，是催化蔗糖水解成为果糖和葡萄糖的一种酶，广泛存在于动植物和微生物中，主要从酵母中得到。1928 年，Dumas 等首先指出酵母菌发酵蔗糖时必须有这种酶的存在。酵母蔗糖酶系胞内酶，提取时需破碎细胞或菌体自溶。

有机溶剂沉淀法即向水溶液中加入一定量的亲水性的有机溶剂，可降低溶质的溶解度使其沉淀被析出。有机溶剂引起酶（蛋白质）沉淀的主要原因，一方面，是向溶液中加入有机溶剂能降低溶液的介电常数，减小溶剂的极性，从而削弱了溶剂分子与酶（蛋白质）分子间的相互作用力，导致酶（蛋白质）溶解度降低而沉淀。另一方面，由于使用的有机溶剂与水互溶，有机溶剂在溶解于水的同时从酶（蛋白质）分子周围的水化层中夺走了水分子，致使酶（蛋白质）脱除水化膜，而易于聚集形成沉淀。有机溶剂沉淀法的分辨能力高于盐析法，一种酶（蛋白质）或其他溶质只有在一个比较窄的有机溶剂浓度范围内沉淀。有机溶剂密度低，与沉淀物密度差大，容易进行固液分离。有机溶剂容易蒸发，不会在成品中残留，适用于食品、药品的制备。在生化制备中比盐析法应用广泛。但有机溶剂沉淀法容易引起酶（蛋白质）变性失活，操作常需在低温下进行，且有机溶剂易燃、易爆，安全要求较高。

透析是通过小分子经过半透膜扩散到水（或缓冲液）中的原理，将小分子与生物大分子分开的一种分离纯化技术。利用透析膜可以选择性的透过一定大小分子，从而将待分离纯化的物质和杂质离子分离开。酶（蛋白质）是大分子物质，其颗粒在胶体颗粒范围（直径 1～100 nm）内，不能透过透析膜，而小分子物质可以自由通过透析膜与周围的缓冲溶液进行溶质交换，进入到透析液中，因此可使酶（蛋白质)和小分子物质分开。这种方法可用于除去和酶(蛋白质)混合的中性盐及其他小分子物质。由盐析、有机溶剂沉淀等所得的酶(蛋白质)沉淀,经过透析脱盐后仍可恢复其原有结构及生物活性。

蔗糖可经蔗糖酶催化水解生成果糖和葡萄糖。在碱性条件下,还原糖与3,5-二硝基水杨酸共热反应生成棕红色的3-氨基-5-硝基水杨酸;在一定范围内,还原糖的量与棕红色的颜色强度成一定比例关系,可用于比色测定。实验采用3,5-二硝基水杨酸比色法测定单位时间内蔗糖酶水解蔗糖产生还原糖的含量,以之衡量蔗糖酶活性的高低。

实验采用自溶法从酵母中提取蔗糖酶,经体积分数30%的乙醇第一次分级沉淀,再经体积分数50%的乙醇第二次分级沉淀,制得较高纯度的酵母蔗糖酶溶液。通过所提取的酵母蔗糖酶对蔗糖进行水解,测定蔗糖酶的活性,并用考马斯亮蓝G250染色法测定蛋白质浓度,据此计算酵母蔗糖酶的比活力、纯化倍数、产量(回收率)。

三、实验用品

1. 材料

市售酵母粉。

2. 器材

离心机,分光光度计,恒温水浴锅,冰箱,电炉,量筒,刻度吸管,烧杯,试管及试管架,滴管。

3. 试剂

牛血清白蛋白标准溶液;DNS试剂;考马斯亮蓝G-250染色液;磷酸缓冲液(0.005 mol·L^{-1} pH 6.0);乙醇;乙酸钠;乙酸乙酯;10%醋酸;5%蔗糖;1 mol·L^{-1} NaOH;0.1%葡萄糖液。

四、操作步骤

(一)酵母蔗糖酶的分离纯化

1. 自溶

称取5 g酵母粉倒入500 mL烧杯中,少量多次地加入15 mL蒸馏水,搅拌均匀,成糊状后加入0.5 g乙酸钠、8 mL乙酸乙酯,搅匀,再于35℃恒温水浴中连续搅拌30 min。

2. 抽提

补加蒸馏水 10 mL 于烧杯中，搅匀，保鲜膜封口，于 35℃恒温水浴 12～18 h，4 000 $r \cdot min^{-1}$ 离心 10 min，弃沉淀，得上清液 E_1。量上清液 E_1 体积，取 2 mL 置于 4℃冰箱保存，待测酶活力及蛋白质浓度（留样 1）。

3. 乙醇分级

测上清液 E_1 pH，并用 10％醋酸调其 pH 至 4.5（注意少量、慢加、搅匀，防止调过）。

（1）第一次乙醇分级（30％乙醇饱和度）。计算出使上清液 E_1 的乙醇浓度达 30％时，所需无水乙醇的体积 X_1 mL。将上清液 E_1 和无水乙醇 X_1，放入冰浴中预冷。在不断地缓慢搅拌下将无水乙醇 X_1 缓慢滴加入上清液 E_1。4 000 $r \cdot min^{-1}$ 离心 10 min，弃沉淀，留上清，得到上清液 E_2。量上清液 E_2 体积，取 2 mL 置于 4℃冰箱保存，待测酶活力及蛋白质浓度（留样 2）。

（2）第二次乙醇分级（50％乙醇饱和度）。计算出使上清液 E_2 的乙醇浓度由 30％升至 50％时，所需无水乙醇的体积 X_2 mL。同上法加入 X_2 mL 无水乙醇至上清液 E_2。4 000 $r \cdot min^{-1}$ 离心 10 min，弃上清液。

4. 透析

将沉淀立刻用蒸馏水溶解，并装入透析袋，透析 12～18 h。4 000 $r \cdot min^{-1}$ 离心 10 min，得上清液 E_3。量体积（取出少量为留样 3）。

5. 测定

测定各步的总蛋白、总活力，并据此计算比活、回收率和纯化倍数。

（二）蔗糖酶活性测定

1. 葡萄糖标准曲线的制作

按下表添加试剂，绘制葡萄糖标准曲线。

项目	0	1	2	3	4	5	6
含糖总量/mg	0	0.4	0.6	0.8	1.0	1.2	1.4
0.1％葡萄糖液/mL	0	0.4	0.6	0.8	1.0	1.2	1.4
蒸馏水/mL	2.0	1.6	1.4	1.2	1.0	0.8	0.6
DNS 试剂/mL	1.5	1.5	1.5	1.5	1.5	1.5	1.5
加热	均在沸水浴中加热 5 min						
冷却	立即用流动冷水冷却						
蒸馏水/mL	21.5	21.5	21.5	21.5	21.5	21.5	21.5
光密度（$OD_{520\ nm}$）							

以葡萄糖(mg)含量为横坐标，520 nm 处吸光度值为纵坐标，制作葡萄糖标准曲线。

2.酶活性的测定

取5%蔗糖、稀释后蔗糖酶提取液分别于35℃恒温水浴预热5 min[若酶浓度过高，用0.2 mol·L^{-1}的醋酸缓冲液(pH 4.7)适当稀释]。按照表33-1、表33-2所示测定蔗糖酶活性。

表33-1 蔗糖酶水解蔗糖

试剂/mL	试管 0	试管 1
5%蔗糖	2	2
1 mol·L^{-1} NaOH	0.5	
稀释后酶液	2	2
	35℃水浴，精确反应3 min	
1 mol·L^{-1} NaOH		0.5

表33-2 还原糖的测定

试剂/mL	试管 0	试管 1	试管 2
反应液	0.5 (取自表33-1中0管)	0.5 (取自表33-1中1管)	0.5 (取自表33-1中1管)
DNS试剂	1.5	1.5	1.5
水	1.5	1.5	1.5
	沸水浴5 min后，立即流水冷却		
水	21.5	21.5	21.5
$OD_{520\ nm}$			

蔗糖酶活力单位的定义：在本实验条件下，每3 min释放1 mg还原糖所需要的蔗糖酶的酶量，定义为一个活力单位。

根据葡萄糖标准曲线计算光吸收值对应的葡萄糖含量，并按下面公式计算蔗糖酶活力：

$$蔗糖酶活力=葡萄糖毫克数\times 9\times 酶的稀释倍数$$

(三)蛋白质浓度测定-考马斯亮蓝 G-250 染色法

用考马斯亮蓝 G-250 染色法测定蛋白质浓度。参考基础性实验十。

(四)酵母蔗糖酶提取分离的效果计算

按下表计算酵母蔗糖酶提取分离各步骤的效果。

留样	体积/mL	蛋白质浓度/$(mg \cdot mL^{-1})$	总蛋白/mg	活力/$(U \cdot mL^{-1})$	总活力/U	比活力/$(U \cdot mg^{-1})$	纯化倍数	产量(回收率)
1							1	100
2								
3								

注:纯化倍数=每次比活力/第一次比活力,产量(%)=每次总活力/第一次总活力。

五、注意事项

(1)整个操作过程中,要熟悉实验各环节,注意各步骤之间的衔接,做好原始数据的记录和整理。

(2)有机溶剂沉淀是个放热过程,所以要在低温下进行操作,防止有机溶剂的放热使蛋白变性。有机溶剂加入时要边搅拌边滴加,以避免局部浓度过高使酶蛋白变性。

(3)商品透析袋在使用前需进行处理。一般选择 2%$NaHCO_3$ 或 10 $mmol \cdot L^{-1}$ 的 EDTA-Na_2 中将透析袋煮沸处理。

(4)透析袋使用前应检查是否破裂。将样品倾入透析袋内,两端要封闭(注意袋内要留出足够的透析交换空间)。

六、思考题

1. 根据实验,结合查阅资料,说明有机溶剂分级沉淀法分离提取酶(蛋白质)的原理及注意事项。

2. 根据实验,结合查阅资料,试分析透析操作需要注意哪些事项。

3. 根据实验数据,计算并分析蔗糖酶提取分离的效果。

实验三十四　综合实践：盐胁迫对小麦种子萌发及幼苗生理生化特性的影响

一、实验目的

了解生物化学实验技术运用于科研实践的一般思路；学习盐胁迫条件下对小麦种子萌发及幼苗生理生化特性影响的一般研究方法。

二、实验原理

盐渍土是对农业生产影响较大的一种低产土壤，也是我国北方一种重要的土地资源。盐渍土可引起植物生理干旱，危害植物组织，影响植物正常营养吸收，阻碍植物正常生长。为探究盐渍土对作物的影响，本实验以小麦为实验材料，分别用含量为 0、0.2%、0.4%的 NaCl 水溶液培养小麦，研究在不同盐浓度处理下对植物种子萌发、幼苗生长及氧化酶等的影响，为今后改善盐渍土壤提供思路。

POD 催化过氧化氢氧化酚类，产物是醌类化合物。产物缩合或与其他分子缩合后会产生颜色较深的化合物。以愈创木酚作为过氧化氢酶的底物，H_2O_2 可以氧化产生红棕色产物，可在 470 nm 处测定其吸光度值，计算 POD 含量。

丙二醛在酸性和高温条件，可以与硫代巴比妥酸（TBA）反应生成红棕色的三甲川（3,5,5-三甲基恶唑-2,4-二酮），该物质在 532 nm 处有最大光吸收。由于硫代巴比妥酸也可与其他物质反应，并在 600 nm 处有光吸收，利用 532 nm 与 600 nm 下的吸光度差值可计算 MDA 的含量。

还原糖的定量测定可采用 3,5-二硝基水杨酸比色法。

蛋白质含量的测定可采用考马斯亮蓝 G-250 染色法。

三、实验用品

1. 材料

小麦种子，小麦幼苗。

2. 器材

离心机，分光光度计，恒温水浴锅，冰箱，电炉，移液器，培养皿，量筒，刻度吸管，烧杯，试管及试管架，滴管。

3. 试剂

(1)NaCl溶液；0.2 mol/L 磷酸盐缓冲溶液(pH 6.0)；0.05 mol/L pH 7.8 磷酸盐缓冲液；DNS试剂；考马斯亮蓝 G-250 染色液；牛血清白蛋白标准溶液。

(2)0.1 mol/L Tris-HCl 缓冲液(pH 8.5)。取 12.144 g 三羟甲基氨基甲烷，加水稀释，用 HCl 调节 pH 至 8.5 后定容到 1 000 mL。

(3)反应混合液。取 0.2 mol/L 磷酸盐缓冲溶液(pH 6.0)50 mL、过氧化氢 0.028 mL、愈创木酚 0.019 mL 混合。

(4)5%三氯乙酸溶液。称取 5 g 三氯乙酸，先用少量蒸馏水溶解，然后定容到 100 mL。

(5)0.5%硫代巴比妥酸的 5%三氯乙酸溶液。称取 0.5 g 硫代巴比妥酸，用 5%三氯乙酸溶液溶解，定容至 100 mL。

四、操作步骤

1. 种子处理

选取饱满的小麦种子，分别用 0(CK)、0.2% 、0.4%的 NaCl 溶液进行处理。每个处理设 6 次重复，每重复为 50 粒种子。在每个处理条件下，分别对小麦种子用滤纸皿床进行发芽试验。每天定时观察、补水。

2. 种子发芽率和幼苗生长的测定

根据连续记录的种子发芽数，计算种子发芽率。

相对发芽率＝(盐处理发芽种子数/对照发芽种子数)×100%

8 d 后测定萌发的幼苗的根长、苗长，取其平均值。

3. POD 活性的测定

取 0.5 g 样品，剪碎置于研钵中，加 5 mL 0.1 mol/L Tris-HCl 缓冲液(pH 8.5)，研磨成匀浆，以 4 000 $r \cdot min^{-1}$ 离心 5 min，倾出上清液。必要时残渣再用 5 mL 缓冲液提取一次，合并两次上清液，稀释 100 倍，保存在冰箱备用。

取光径 1 cm 比色皿两个，向其中一个加入上述酶液 1 mL，再加入反应混合液 3 mL，立即开启秒表记录时间；向另一比色皿中加入 0.2 mol/L 磷酸盐缓冲溶液(pH 6.0)作为空白对照。用分光光度计在 470 nm 波长下测定反应 5 min 时的光密度值。

以每分钟光密度变化表示酶活性大小，即

$$过氧化物酶活性[U/(g \cdot min^{-1})] = \Delta A_{470\ nm} \times V_T / FW \times V_1 \times 0.01 \times t$$

式中：$\Delta A_{470\ nm}$ 为反应时间内吸光度的变化；V_T 为测定用粗酶液总体积(mL)；V_1 为测定用粗酶液体积(mL)；FW 为样品鲜重(g)；0.01 为 A_{470} 每下降 0.01 为 1 个酶活单位；t 为反应时间(min)。

4. 丙二醛含量的测定

取 1 g 样品，加入 2 mL 预冷的 0.05 mol/L pH 7.8 的磷酸盐缓冲液，加入少量石英砂，在经过冰浴的研钵内研磨成匀浆，转移到 5 mL 刻度离心试管，将研钵用缓冲液洗净，清洗液也一并移入离心管中，最后用缓冲液定容至 5 mL。4 500 $r \cdot min^{-1}$ 离心 10 min，上清液即为丙二醛提取液。

吸取 2 mL 的提取液于刻度试管中，加入 0.5%硫代巴比妥酸的 5%三氯乙酸溶液 2 mL，于沸水浴上加热 10 min，迅速冷却。4 500 $r \cdot min^{-1}$ 离心 10 min。

取上清液于 532 nm、600 nm 波长下，以蒸馏水为空白，测定吸光度值。

$$丙二醛含量 = \frac{(A_{532\ nm} - A_{600\ nm}) \times V_1 \times V}{1.55 \times 10^{-1} \times W \times V_2}$$

式中：A 为吸光度；V_1 为反应液总量(4 mL)；V 为提取液总量(5 mL)；V_2 为反应液中的提取液数量(2 mL)；W 为植物样品重量(1 g)；1.55×10^{-1} 为丙二醛的微摩尔吸光系数(在 1 L 溶液中含有 1 μmol 丙二醛时的吸光度)。

5. 还原糖的测定

称取小麦叶片 0.5 g 于研钵中研磨，加 3 mL 蒸馏水洗研钵并移至大试管，放入 50℃恒温水浴锅中保温 30 min。保温完毕用滤纸过滤，移入 10 mL 容量瓶，蒸馏水定容备用。

用 3,5-二硝基水杨酸比色法测定还原糖含量。参考基础性实验一。

6. 可溶性蛋白的测定

取植物样品 0.2 g，加入蒸馏水 10 mL 研磨成匀浆后，4 000 $r \cdot min^{-1}$ 离心 10 min，取上清液，稀释 5 倍备用。

用考马斯亮蓝 G-250 染色法测定蛋白质浓度。参考基础性实验十。

$$可溶性蛋白含量(mg \cdot g^{-1}) = (C \times V_t)/(W \times V_s)$$

式中：C 为依据蛋白质的标准曲线查出蛋白质含量(mg)；V_t 为样品提取液的总体积(mL)；W 为小麦叶片的重量(g)；V_s 为吸取样品提取液的体积(mL)。

五、注意事项

(1)注意把握实验的整体进程，协调各研究步骤，做好衔接和统筹。

(2)酶液的提取需注意保持低温。

(3)丙二醛与硫代巴比妥酸显色反应的加热时间最好控制沸水浴 10～15 min，时间太长或者太短会引起 532 nm 下的光吸收值的下降。

六、思考题

1. 在不同盐浓度的处理下，小麦的发芽率及根长有何不同？
2. 用不同的盐浓度处理后，小麦的 POD 酶活性有何变化？
3. 用不同的盐浓度处理后，小麦的丙二醛含量有何变化？
4. 用不同的盐浓度处理后，小麦的还原糖及可溶性蛋白有何变化？
5. 要取得精确的结果，本实验需要注意控制哪些方面的误差？

第三单元　设计性实验

生物化学设计性实验是建立在初步掌握生物化学实验基本原理和基本方法，熟练基础单元性操作，并具备一定综合性实验知识和实验技能后，根据实验主题和实验项目，自行设计实验方案并自主检验方案准确性的实验操作流程。

设计性实验的实施要求是学生对于给定或自选的实验主题（或实验项目），在教师指导下，通过查阅相关文献资料，从而明确实验目的，了解相关背景资料，合理选择实验材料，分组配制实验试剂和调试仪器设备，独立地运用生物化学实验原理和方法，自己尝试性地设计实验操作步骤，并将实验的各个环节有机融合，独立完成实验的规定内容。

生物化学设计性实验的目的在于着重培养学生独立解决实际问题的能力、创新能力、组织管理能力和科研能力。从学生对信息资源的搜集挖掘，到实验总体框架的综合构建，再到学生严密创新思维的开发，通过设计性实验引导学生在实践体会科学实验的基本过程中，锻炼提升实验技能，追踪享受实验成果，培养塑造科研兴趣。

本单元根据拟定的实验主题（或实验项目），从实验目的的解读、实验背景的简介、实验思路的指导与提示、实验方案设计基本原则和基本理念的分析、实验具体要求的提出等诸方面培养和训练学生掌握生物化学实验的构思和设计方法，提升学生的综合实践能力和创新性思维。

实验三十五　毛发的水解、鉴定和胱氨酸制备

一、实验目的

通过设计一定的实验方案，了解蛋白质的水解性质，掌握胱氨酸的制备方法，学习和掌握几种鉴定胱氨酸纯度的方法。

二、实验背景简介

蛋白质是由各种氨基酸组成的，在酸性、碱性、酶等条件下可以发生水解。蛋白质的水解中间过程，可以生成多肽，但水解的最终产物都是氨基酸。在一定条件下，水解蛋白质生成各种不同氨基酸的混合液，再经过进一步的提取、精制，即可得到所需的氨基酸。根据不同的目的从蛋白质水解液中分离氨基酸时，可以结合氨基酸的性质，分别采用等电点沉淀法、有机溶剂沉淀法、离子交换柱层析等方法。

胱氨酸(cystine)是由两个半胱氨酸通过其侧链巯基氧化成二硫键后形成的产物，是一种含硫氨基酸，溶于稀酸和碱性溶液，极微溶于水，不溶于乙醇、乙醚、苯和氯仿。胱氨酸等电点为5.05。胱氨酸在蛋白质中有少量存在，多含于头发等组织的角蛋白中。

胱氨酸在生物化学、营养学、食品工业等研究中有着重要价值。

三、实验思路提示

1. 需要解决的问题

(1)水解方法的选择和基本实验操作。

(2)根据胱氨酸性质，选择确定毛发胱氨酸制备的基本工艺流程。

(3)胱氨酸鉴定方法的选择和操作实践。

2. 实验设计环节

(1)明确实验室条件。实验室提供水解、过滤、干燥、纸层析鉴定、比色测定等必备的实验器材和实验试剂。

(2)选择实验材料。为了制备某种氨基酸，最好选择此种氨基酸含量较丰富的蛋白质为原料。胱氨酸在角蛋白中含量较高，人头发中约含12%，羊毛中约含

14.3%,猪毛中含量为14.4%。因此常以毛发为原料制备胱氨酸。

(3)构思实验方案。水解工艺。结合胱氨酸的理化性质,以适当浓度盐酸溶液水解毛发原料,研究水解时间、反应温度、盐酸浓度、盐酸用量等反应条件对水解的影响,筛选优化水解工艺。实验可采用双缩脲反应检查蛋白质的水解是否完全。

胱氨酸的制备。用碱液调节水解溶液的pH至胱氨酸的等电点,利用等电点沉淀法将胱氨酸从蛋白质水解液中沉淀出来,得到胱氨酸粗品。后可经酸溶、脱色、中和等步骤,过滤得到胱氨酸白色晶体。

胱氨酸纯度的鉴定。根据胱氨酸的性质,可通过熔点测定法、纸层析法、磷钨酸比色法等方法进行胱氨酸纯度的鉴定。

四、实验要求

(1)广泛查阅文献和资料,了解实验项目目前的研究状态。

(2)提交实验可行性报告,包括:

①实验原理。

②实验材料选择的依据。

③实验操作步骤的设计及其依据。

④实验器材的选择及使用方法。

⑤实验试剂的准备及配制方法。

⑥实验主要注意事项。

⑦预期实验结果。

(3)经实验指导老师确认实验设计的可行性后,分小组自行准备实验仪器设备,提前准备和预处理实验材料,配制相关试剂。

(4)独立完成实验操作。

(5)撰写实验报告,内容包括:

①实验题目,组员姓名,班级,指导老师姓名等。

②实验原理。

③实验材料与方法。

④实验结果与分析:水解时间、反应温度、盐酸浓度、盐酸用量等反应条件对毛发水解生成胱氨酸的影响,讨论并确定最佳实验设计方案。

⑤问题与讨论:a.影响毛发中胱氨酸提取得率的主要因素是什么?b.可使用哪些方法进行胱氨酸粗品的脱色?c.用于鉴定胱氨酸纯度方法的原理有何不同?

⑥参考资料。

实验三十六　外界因素对酶活性的影响

一、实验目的

通过设计一定的实验方案，加深对酶特性的认识；分析研究 pH、温度、酶浓度、抑制剂和激活剂等各种外界因素对酶活性的影响。

二、实验背景简介

酶的化学本质是蛋白质，极易受外界条件的影响而改变它的构象及性质，从而影响到它的催化活性。酶对 pH、温度、酶浓度及某些离子浓度等变化很敏感。

酶的催化活性与环境 pH 有密切关系。通常各种酶只在一定 pH 范围内才有活性。酶活性最高时的 pH 称为酶的最适 pH。高于或低于酶的最适 pH 时，酶的活性逐渐降低。酶的最适 pH 不是酶的特征性物理常数，受到酶的纯度、底物的种类和浓度、缓冲液的种类和浓度以及环境温度等条件的影响。

酶作为生物催化剂与一般催化剂一样表现出温度效应。反应速度达到最大反应速度时的温度称为某种酶的最适温度。高于或低于酶的最适温度，酶的活性都将降低。一般而言，过高的温度会使酶活性永久地丧失，而较低的温度能降低或抑制酶活性，但不能使酶失活。

酶浓度的高低也影响酶促反应速度。在其他条件不变的情况下，当底物浓度足够大时，增加酶浓度，反应速度随之增加，两者间成正比关系，即 $V=k[E]$。但当反应底物浓度较低，而且酶的浓度足够高时，增加酶浓度，反应速度基本保持不变。

酶的活性受到激活剂和抑制剂的影响。能使酶的活性增加的，称为酶的激活剂；能使酶的活性降低的，称为酶的抑制剂。不同的酶对不同的外界物质具有不同的效应，一种酶的激活剂对另一种酶而言则可能是抑制剂；当激活剂的浓度超过一定的范围时，它也可能成为抑制剂。如对唾液淀粉酶而言，低浓度 Cl^- 可以增加酶活性，高浓度 Cl^- 或者低浓度的 Cu^{2+} 则会抑制酶的活性，而低浓度的 Na^+、SO_4^{2+} 等对酶活性没有影响。

三、实验思路提示

1.需要解决的问题

(1)从生物组织中分离提取粗酶液的基本操作。

(2)根据酶活力的基本概念和酶活力测定的一般原理,选择设计测定所提取酶液催化活性的适宜方法。

(3)确定酶催化活性测定最适宜条件的研究方案。

2.实验设计环节

(1)明确实验室条件。实验室提供酶液提取、酶活测定等必备的实验器材和实验试剂。

(2)选择实验材料。选择实验材料时,应考虑酶液提取操作的简单,酶活测定的易行,试剂、器材的常用。比如根据前面的单元性基础实验训练,选择酵母提取蔗糖酶,选择自制唾液淀粉酶等。

(3)构思实验方案。外界因素对酶活性影响的实验设计。以淀粉酶为例,在控制并统一其他实验条件的情况下,实验研究单一外界因素对酶活性影响,分别观察和分析 pH、温度、酶浓度、抑制剂和激活剂等对酶活性的影响。实验设计时,注意设置对照实验。可针对酶活性的主要影响因素(pH、温度、酶浓度等)设计不同梯度。或采用正交设计,寻找酶活性达到最佳的实验条件。

酶活的检测。酶活的检测是实验的关键指标,检测方法应简易、合理、可行。以淀粉酶为例,其酶活性的高低可根据底物即淀粉水解的快慢来判断,用淀粉遇碘液变蓝色检测淀粉酶活性的方法,分析外界因素对酶活性的影响;也可根据产物即还原糖的生成量来表示,用还原糖与 3,5-二硝基水杨酸的颜色反应来检测酶活性,以分析不同外界因素对酶活性的影响。实验中,也可根据实际对经典的酶活检测方法进行筛选和优化,以符合和满足实验的要求。

四、实验要求

(1)广泛查阅文献和资料,了解实验项目目前的研究状态。

(2)提交实验可行性报告,包括:

①实验原理。

②实验材料选择的依据。

③实验操作步骤的设计及其依据。

④实验器材的选择及使用方法。

⑤实验试剂的准备及配制方法。

⑥实验主要注意事项。

⑦预期实验结果。

(3)经实验指导老师确认实验设计的可行性后,分小组自行准备实验仪器设备,提前准备和预处理实验材料,配制相关试剂。

(4)独立完成实验操作。

(5)撰写实验报告,内容包括:

①实验题目,组员姓名,班级,指导老师姓名等。

②实验原理。

③实验材料与方法。

④实验结果与分析:分别绘制 pH、温度、酶浓度、底物浓度等外界因素对酶促反应速度影响的规律图,讨论并确定最佳实验设计方案。

⑤问题与讨论:a. 酶活性测定的一般原理是什么? b. 实验中的外界因素如何影响酶促反应速度? c. 酶的最适 pH 及酶的最适温度是否酶的固定常数?

⑥参考资料。

实验三十七　小麦萌发前后淀粉酶活力的比较

一、实验目的

学习实验对照材料的准备和科学取样方法，熟悉实验室酶的制备基本操作，根据基本原理自行选择设计一套测定所提取酶液的适宜方法，掌握淀粉酶的活力测定技术，学习如何合理利用定性或定量方法科学比较实验结果，熟悉处理实验数据的要求和方法。

二、实验背景简介

淀粉是植物最主要的储藏多糖，种子中储藏的碳水化合物主要以淀粉的形式存在。淀粉酶是水解淀粉的糖苷键的一类酶的总称，属水解酶，它能使淀粉水解为麦芽糖，催化反应如下：

$$2(C_6H_{10}O_5)_n + nH_2O \rightarrow nC_{12}H_{22}O_{11}$$

在小麦等休眠种子中的淀粉酶活力很弱。但在种子萌发过程中，其淀粉酶的活力逐渐增强，并随着发芽时间的延长而增加。小麦淀粉酶主要包括 α-淀粉酶、β-淀粉酶和极限糊精酶，其中，小麦 α-淀粉酶活力主要在发芽阶段形成，发芽促进了 α-淀粉酶的快速产生直至达最高值，而小麦中 β-淀粉酶活力随发芽进行缓慢增加直至最大值。

三、实验思路提示

1. 需要解决的问题

(1)实验材料的获取和准备方案。

(2)根据淀粉酶的性质和实验室条件，选择酶的提取方法。

(3)小麦萌发前后淀粉酶的活力的检测方法。

2. 实验设计环节

(1)明确实验室条件。实验室提供材料准备、酶液提取、酶活测定等必备的实验器材和实验药品。

(2)选择实验材料。为了比较小麦萌发前后淀粉酶的活力，自行准备小麦萌发前后的实验对照材料，并合理取样，达到相对科学性。

(3)构思实验方案。比较小麦萌发前后淀粉酶的活力的关键是酶活的检测方法。淀粉酶能使种子含有的淀粉水解为麦芽糖，而麦芽糖具有还原性，与3，5-二硝基水杨酸在共热的条件下生成棕色物质，在一定范围内，此棕色物质颜色的深浅程度与还原糖的量成正比，因此可利用比色法定量测定还原糖的量，从而反映淀粉酶活力大小。此外稀碘液遇淀粉显色反应，可辅助用于定性检测淀粉酶活性。

为了显示明确的实验结果，除了实验操作的科学性，还需记录具体的实验数据，或有详细的结果描述，数据处理有具体的计算过程。

四、实验要求

(1)广泛查阅文献和资料，了解实验项目目前的研究状态。

(2)提交实验可行性报告，包括：

①实验原理。

②实验材料选择的依据。

③实验操作步骤的设计及其依据。

④实验器材的选择及使用方法。

⑤实验试剂的准备及配制方法。

⑥实验主要注意事项。

⑦预期实验结果。

(3)经实验指导老师确认实验设计的可行性后，分小组自行准备实验仪器设备，提前配制相关试剂，萌发小麦种子。

(4)独立完成实验操作。

(5)撰写实验报告，内容包括：

①实验题目，组员姓名，班级，指导老师姓名等。

②实验原理。

③实验材料与方法。

④实验结果与分析。

⑤问题与讨论：根据本实验结果回答种子萌发时淀粉酶活性发生变化的生理意义。

⑥参考资料。

实验三十八　多糖的提取与分析鉴定

一、实验目的

通过设计一定的实验方案，加深对多糖特性的了解，掌握多糖提取的一般原理和操作方法，了解多糖物质的常规纯化原理和操作技术，掌握多糖物质分析鉴定的常用方法及其工作原理，初步建立从不同组织、细胞中分离提取多糖并进行分析鉴定的研究思路。

二、实验背景简介

多糖（polysaccharides，PS）又称多聚糖，由 10 个以上的单糖分子通过糖苷键聚合而成，其分子量较大，是除了蛋白质和核酸以外的一类重要的生物大分子。多糖在自然界分布极广，高等植物、动物、藻类及菌类体内均有存在。多糖既是生物体的贮能物质，也是生物体的结构物质，还参与多种重要的生命活动，具有一系列生物学活性及临床应用的价值。目前研究比较多的是植物多糖和真菌多糖。

多糖的提取通常要根据多糖的存在形式及提取部位的不同决定其提取方法。提取多糖时，一般先用石油醚、乙醚、丙酮等有机溶剂除去脂溶性杂质，然后根据不同的溶解度选择水、稀盐、稀酸、稀碱等溶剂进行提取。近年来，又出现了生物酶辅助提取法、超声提取法、微波提取法等。

提取多糖粗品后，可选择能使蛋白质沉淀而不使多糖沉淀的试剂来处理样品以除去蛋白，可用纤维素、硅藻土、活性炭等吸附剂对样品脱色，选用传统透析法、纤维滤器透析法等去除小分子杂质。

提取的多糖通常是多糖的混合物。可根据组分性质，采用沉淀法、超滤法、柱层析法、膜分离法等对提取的多糖混合物粗品进行分离纯化。

多糖的含量测定方法较多。实验室多用显色剂-硫酸法，根据单糖、多糖及其衍生物在硫酸作用下水解，脱水生成糖醛衍生物，与酚类、芳胺类等缩合成有色化合物，比色定量，间接求出多糖的含量。咔唑-硫酸法主要用于测定糖醛酸。

多糖纯度鉴定的常用方法有超速离心法、高压电泳法、凝胶层析法、HPLC 法等。现在应用较多的是 HPLC 法。旋光度测定也是多糖纯度测定的一种方法。

多糖的分子量分布比较分散，其测定方法包括渗透压法、端基法、黏度法、光散射法、凝胶层析法、沉淀法、凝胶电泳法、HPLC 法、超离心分析法等。目前实验室较常用的方法有凝胶层析法和 HPLC 法。

多糖的单糖组成分析是控制多糖质量和提供多糖基本信息的最重要环节。目前,多糖组分分析方法一般来说可以分为传统的化学分析法(包括纸层析、薄层层析、气相色谱法、液相色谱法、离子色谱法等)、物理分析法(分光光度法、红外光谱法、核磁共振法、气相色谱法、质谱法等)和生物学分析法。

三、实验思路提示

1. 需要解决的问题

(1)从生物组织材料中分离提取多糖的基本操作。

(2)根据多糖性质,选择和优化多糖提取制备的工艺流程。

(3)比较并选定提取多糖的含量测定方法。

(4)根据实验室条件选择确定多糖组成成分分析鉴定的操作方法。

2. 实验设计环节

(1)明确实验室条件。实验室提供多糖提取、测定、电泳、层析系统等必备的实验器材和实验试剂。

(2)选择实验材料。根据实验主题和文献报道,可选择植物材料(如牛蒡、海带、甘薯、萝卜、玉米须、银杏叶等)或真菌(如银耳、金针菇等)作为实验材料。

(3)构思实验方案。

①多糖的提取。可根据多糖溶于水而不溶于醇等有机溶剂的特点,采用热水浸提后用乙醇沉淀的方法,对多糖进行提取。该方法对仪器和试剂的要求较低,而且操作简单易行。在选取提取方法的同时,可选用正交试验等方法,考察浸提温度、时间、料液比等因素对多糖提取的影响,优化多糖提取工艺。如条件允许,可对多种常用多糖提取方法进行比较研究。

②多糖的纯化。根据实验要求,可选用适合的方法,先脱除多糖提取液中的非多糖组分,再利用多糖的特点和性质对多糖组分进行分离和纯化。

③多糖的含量测定。实验室主要使用苯酚-硫酸法、蒽酮法等。苯酚-硫酸试剂主要用于甲基化的糖、戊糖和多聚糖的测定,与糖类反应产生黄橙色。根据单糖组成的不同在 480～490 nm 处有最大吸收,其中,戊糖和糖醛酸在 480 nm,己糖在 490 nm ,全部糖类都可以参加反应。蒽酮-硫酸试剂与糖类反应产生蓝绿色,在 620～625 nm 处有最大光吸收,参与反应的糖类主要是己糖。制作标准曲线宜用相应的标准多糖。对杂多糖,分析结果可根据各单糖的组成比及主要组分单糖的

标准曲线的校正系数计算。

④多糖组成的鉴定分析。可将多糖完全酸水解成单糖,再用纸层析法、薄层层析法等鉴定。以标准单糖为对照,用合适的溶剂展开,特异的显色剂显色,与标准品的斑点颜色及 R_f 值比较进行定性鉴定,或将斑点洗脱下来,用常用的微量分析方法进行定量测定。方法适用于对多糖组分的初步分离和鉴定,操作简单易行,成本低廉,一般的实验室均可完成。

四、实验要求

(1)广泛查阅文献和资料,了解实验项目目前的研究状态。

(2)提交实验可行性报告,包括:

①实验原理。

②实验材料选择的依据。

③实验操作步骤的设计及其依据。

④实验器材的选择及使用方法。

⑤实验试剂的准备及配制方法。

⑥实验主要注意事项。

⑦预期实验结果。

(3)经实验指导老师确认实验设计的可行性后,分小组自行准备实验仪器设备,提前准备提取多糖的试验材料,配制相关试剂。

(4)独立完成实验操作。

(5)撰写实验报告,内容包括:

①实验题目,组员姓名,班级,指导老师姓名等。

②实验原理。

③实验材料与方法。

④实验结果与分析:a. 根据实验数据绘制图表,进行必要的统计分析,讨论并确定试验材料中多糖的最佳提取工艺;b. 对实验提取多糖的组成成分进行分析鉴定。

⑤问题与讨论:a. 多糖多种常用提取方法的优缺点与适用范围是什么? b. 你对多糖产品的开发有何设想?

⑥参考资料。

附录

附录一 实验室安全与防护知识

生物化学实验室是高校教学、科研的重要场所。在生物化学实验室中，师生要经常性接触各种具有毒性、腐蚀性、易燃烧和具有爆炸性的化学药品；同时，生物化学实验中经常需要使用各种不同的实验设备和进行各种不同的实验操作，在这些过程中也存在着安全隐患。因此，实验室工作人员必须十分重视实验室的安全工作，积极做好安全防护，防患于未然。

一、实验室安全知识

(1)进入实验室开始工作前，应了解实验室基础应急防护设施，熟悉门窗、水电开关、消防与应急设施的位置。实验室不是生活场所，不准把食物、食具带进实验室。实验室内禁止吸烟。实验中途不可长时间离开实验室。实验结束，人员离开实验室前要做好水、电和门窗的检查，确保水、电和实验室设备、器材及化学试剂等的安全。

(2)实验人员必须熟悉仪器、设备性能和使用方法。对于贵重、精密仪器要谨慎使用，非本次实验所用的仪器未经老师允许，不得随意乱动。本次实验需使用的仪器，使用前首先了解其使用方法，掌握具体操作规程，在老师的指导下按规定要求进行操作。实验工作中碰到疑问及时请教实验老师或仪器设备负责人，不得盲目操作。

(3)熟悉所使用试剂和药品的特性和潜在危害。使用试剂前一定要仔细辨认标签，确认试剂名称、浓度等是否符合和满足本次实验要求。不使用无标签(或标志)容器盛放的试剂、试样。使用药品、试剂时要保持药品和试剂的纯净。公用试剂用毕，立即将瓶塞盖严，切勿盖错，并放回原处。未用完的试剂不得倒回瓶内。

(4)使用强酸、强碱、氨水、过氧化氢、冰醋酸等腐蚀和刺激性药品，操作时必须极为小心，防止溶液溅出。取用时尽可能带上橡皮手套和防护眼镜；倾倒时，切勿直对容器口俯视；吸取时，应使用洗耳球。开启有毒气体容器时应戴防毒用具。使用有毒或腐蚀性较强的试剂时，应该尽可能用量筒量取，若必须用吸管时，一定要使用洗耳球，切勿用嘴吸取，以免造成意外。禁止裸手直接接触任何化学试剂、实验药品。

(5)实验室所用的乙醚、石油醚、乙醇等有机溶剂,不要大量堆放在实验台上和试剂柜中,更不要置放于靠近火焰处。使用时应严禁明火,须远离火源。若需加热,不可在电炉上直接加热,应在水浴上利用回流冷凝管加热或蒸馏。

(6)凡使用盐酸、氯化汞等有毒的化学试剂和其他物品时,均应在通风处进行,以免对人体造成危害。

(7)严格遵守实验室安全用电规程,严格管理实验室内的各类电气设备,严格执行电气线路的敷设、电气设备的安装、保护和维修的相关国家规范。不使用绝缘损坏或接地不良的电器设备,不用湿手或在眼睛旁视时开关电闸和电器开关,不得擅自拆修电器设备。使用烘箱、恒温水浴、离心机、电炉等电器设备时,严防触电。凡是漏电的仪器设备,一律不能使用。

(8)实验中产生的废液、废物应集中处理,不得任意排放。酸、碱或有毒物品溅落时,应及时清理及除毒。

(9)实验完毕,及时将实验用具、器皿等洗净、烘干,确认室内和台面无大量物品堆积。实验人员必须净手后方可进食。

(10)实验室人员应提高和强化消防意识,要熟悉消防器材的使用方法并掌握有关的实验室灭火知识。

二、实验室常用防护知识

1. 实验室灭火

实验室若发生起火事件,应保持镇静,切不可惊慌无措。在立即切断室内一切火源和电源后,根据发生火情性质正确地进行抢救和灭火。

(1)如遇可燃液体燃着,立即将一切可燃物质拿离着火区域,防止燃烧形势的不断扩大。同时,仔细观察燃烧情况,若着火面积较小,可采用抹布、湿布、铁片或沙土覆盖燃烧物,通过隔绝空气来灭火。

(2)对于酒精及其他可溶于水的液体引起的着火,可用水进行灭火。

(3)对于汽油、乙醚、甲苯等有机溶剂引起的着火,绝对不能用水,否则反而会扩大燃烧面积,可采用石棉布或沙土进行扑灭。

(4)对于金属钠引起的着火,可采用砂子进行覆盖灭火。

(5)对于导线着火,切记不能用水及二氧化碳灭火器灭火,应立即切断电源或使用四氯化碳灭火器进行灭火。

(6)衣服着火时千万不要到处奔跑,应躺在地上滚动以灭火。

(7)发生火灾时应注意保护现场。较大的着火事故应立即报警。

2. 实验室急救

实验中如不慎受伤，应采取适当的急救措施。

(1)玻璃割伤及其他机械损伤。首先对伤口进行检查，确认伤口内是否有玻璃或金属等碎片物。如有异物，应小心取出。用硼酸水洗净伤口，再擦涂碘酒或红汞水，必要时辅以纱布包扎。如果因伤口较大或过深而大量出血，应迅速在伤口上部和下部扎紧血管进行止血，然后立即到医院诊治。

(2)烫伤。轻度烫伤可用 90%～95%酒精消毒后，涂抹苦味酸软膏。对于一级烫伤，伤处红痛或红肿，可用医用橄榄油或用棉花沾酒精敷盖伤处。对于二级烫伤，皮肤起泡，注意不要弄破水泡，防止感染。对于三级灼伤，伤处皮肤呈棕色或黑色，应先用干燥而无菌的消毒纱布轻轻包扎好，然后急送医院治疗。

(3)冻伤。迅速脱离低温环境和冷冻物体。把冻伤部位置于 40℃(不要超过)的热水中浸泡 20～30 min，使其尽快复温。严禁使用火烤、冷水浸泡、猛力捶打等方式作用于冻伤部位。

(4)化学试剂灼伤。若强碱(氢氧化钠、氢氧化钾等)、碱金属(钠、钾等)触及皮肤而引起灼伤，先用大量自来水冲洗，再用 5%硼酸溶液或 2%乙酸溶液涂洗。若强酸、溴等触及皮肤而引起灼伤时，立即先用大量自来水冲洗，再以 5%碳酸氢钠溶液或 5%氢氧化铵溶液洗涤。如果皮肤不小心粘上浓硫酸，切忌直接用水冲洗，应在用棉布吸取浓硫酸后再用大量水冲洗，接着用 3%～5%的碳酸氢钠溶液中和，最后用水清洗，必要时涂上甘油；若有水泡，应涂上龙胆汁。如酚触及皮肤引起灼伤时，应先用浓度 10%的乙醇反复擦拭，再用大量的水清洗，直至无酚味，然后用饱和硫酸钠湿敷。

(5)汞中毒。若不慎发生汞中毒时，应送医院急救。急性中毒时，应立即用碳酸氢钠或温水洗胃催吐，然后口服生蛋清、牛奶或豆浆等，吸附毒物，再用硫酸镁导泻。吸入汞中毒者，应立即撤离现场，更换衣物。

(6)触电。如有人员触电，必须先断电后救人。如果离触电电源开关较近，要迅速断开开关；如果开关较远，可用干木棍、竹竿等绝缘物使人与电线脱离。挑开的电线应放置妥善，以免别人再触电。急救时急救者必须做好防止触电的安全措施，手或脚必须绝缘，切忌用手、脚等直接接触受害者。

附录二　玻璃仪器的清洗与干燥

一、玻璃仪器的清洗

生物化学实验中，如果使用不清洁或被污染的玻璃仪器往往容易造成较大的实验误差。因此，实验前必须做好玻璃仪器的洗涤清洁工作。

1. 初用玻璃仪器

对新购买的玻璃仪器，可先用0.5%的去污剂洗刷后再用自来水洗干净，然后浸泡在1%～2%盐酸溶液中过夜（不少于4 h）以去除玻璃表面的碱性物质，再用自来水冲洗，最后用蒸馏水冲洗2～3次，80～100℃烘箱内烘干或倒置晾干备用。

2. 使用过的玻璃仪器

对使用过的玻璃器皿，可先用自来水洗刷直至无污物，再用合适的毛刷沾去污剂（粉）洗刷，或浸泡在0.5%的清洗剂中超声清洗（比色皿除外），然后用自来水彻底洗净去污剂，用蒸馏水洗两次，烘干备用。对于计量仪器，不可烘干，可晾干备用。清洗后，器皿内外不可挂有水珠，否则需要重洗，若重洗后仍挂有水珠，则需用洗液浸泡数小时后（或用去污粉擦洗），重新清洗。

3. 比较脏的器皿或不便刷洗的器械

对比较脏的器皿或不便刷洗的器械（如吸管），先用软纸擦去可能存在的凡士林或其他油污，用有机溶剂（如苯、煤油等）擦净，再用自来水冲洗后控干，然后放入铬酸洗液中浸泡过夜。取出后用自来水反复冲洗直至除去洗液，最后用蒸馏水洗数次。

4. 石英和玻璃比色皿的清洗

清洗比色皿时不可使用强碱，因为强碱会侵蚀抛光的比色皿。可用洗液或1%～2%的去污剂浸泡，然后用自来水冲洗。若使用绸布包裹的小棒或棉花球棒刷洗比色皿，效果会更好。对于有色物质污染的比色皿可用3 $mol \cdot L^{-1}$的盐酸-乙醇等体积混合溶液洗涤。清洗干净的比色皿内外壁应不挂水珠。

5. 塑料器皿的清洗

聚乙烯、聚丙烯等制成的塑料器皿，在生物化学实验中已用的越来越多。对于第一次使用的塑料器皿，首先用 8 mol·L^{-1} 尿素(用浓盐酸调 pH = 1)清洗，再依次用蒸馏水、1 mol·L^{-1} KOH 和蒸馏水清洗，然后用 3～10 mol·L^{-1} EDTA 除去金属离子的污染，最后用蒸馏水彻底清洗。以后每次使用时，可只用 0.5%的去污剂清洗，然后用自来水和蒸馏水洗净、晾干后即可使用。

6. 常用清洗液

(1)肥皂水、洗衣粉或洗涤灵洗液。实验室最为常用的洗涤液，主要是利用其乳化作用以除去污垢，能使脂肪、蛋白质及其他黏着性物质溶解或松弛。一般玻璃仪器均可用其清洗。

(2)铬酸洗液(重铬酸钾-硫酸洗液)。广泛用于玻璃仪器的洗涤。由重铬酸钾(或重铬酸钠)和浓硫酸配制而成，具有强腐蚀性，使用时应注意安全。铬酸洗液可反复使用多次，如洗液由红棕色变为绿色或过于稀释则不宜再用。常用的配制方法如下：

①取 100 mL 硫酸置于烧杯内，小心加热，然后小心慢慢加入 5 g 重铬酸钾粉末，边加边搅拌，待全部溶解后冷却，贮于具有玻璃塞的细口瓶内。

②称取 5 g 重铬酸钾粉末置于 250 mL 烧杯中，加水 5 mL，尽量使其溶解。慢慢加入浓硫酸 100 mL，随加随搅拌。冷却后贮存备用。

(3)工业用浓盐酸。可用于洗去水垢或某些无机盐沉淀。

(4)5%草酸溶液。5%草酸溶液滴加数滴硫酸或者盐酸进行酸化，可洗去高锰酸钾的痕迹。

(5)5%～10%磷酸三钠($Na_3PO_4 \cdot 12H_2O$)溶液。可用于洗涤油污物。

(6)5%～10%乙二胺四乙酸二钠(EDTA-Na_2)溶液。利用 EDTA 和金属离子的配位效应，可以加热煮沸以洗脱除去玻璃仪器内壁的白色沉淀物和不易溶解的重金属盐类。

(7)尿素洗涤液。蛋白质的良好溶剂，可用于洗涤蛋白质制剂及血样污染的容器。

(8)有机溶剂。如丙酮、乙醇、乙醚等，可用于洗涤油脂、脂溶性染料等的污痕。二甲苯可洗脱油漆的污垢。

(9)氢氧化钠的乙醇溶液。用于清洗各种油污。配方如下：将 120 g 氢氧化钠溶于 120 mL 水中，再用 95%乙醇稀释定容至 1 000 mL。

(10)含高锰酸钾的氢氧化钠溶液。用于清洗玻璃器皿内的油污或其他有机物质。配方如下：将 4 g 高锰酸钾溶解于少量水中，再加入 100 mL 100 g·L^{-1} 的氢氧化钠溶液中。

二、玻璃仪器的干燥

对于实验室经常要用到的玻璃仪器，应在每次实验完毕后及时洗净、干燥备用。根据不同要求，应采取不同方法对玻璃仪器进行干燥。

1. 晾干

不急用或使用时对水分没有严格要求的玻璃仪器，可在蒸馏水冲洗后，于无尘处倒置以控去水分，自然晾干即可。

2. 烘干

将洗净的仪器控去水分，放在烘箱内烘干。设置烘箱温度为105～110℃，烘1 h左右。也可以放在红外灯干燥箱中烘干。此方法适用于一般的玻璃仪器。带实心玻璃塞的仪器和厚壁仪器烘干时，要注意慢慢升温并且温度不可过高，以免破裂。量器、量具不可放于烘箱中烘干。

3. 热(冷)风吹干

对于急于干燥的仪器或不适于放入烘箱的较大的仪器可采用吹干的办法。通常在已控去水分的仪器中倒入少量乙醇、丙酮(或最后再用乙醚)进行摇洗，然后用电吹风以冷风吹仪器1～2 min。待仪器内的大部分溶剂挥发后，再用电吹风吹入热风至仪器完全干燥。最后用冷风吹去仪器内残余蒸汽，防止其在容器内的冷凝。

附录三　试剂的配制与保存

一、生物化学实验室用的纯水

生物化学实验中大部分用于溶解、稀释和配制溶液的溶剂是水，都必须先经过纯化，经常使用的多为蒸馏水或去离子水。根据实验分析的要求不同，对水质的要求也随之不同。

蒸馏水是将自来水在蒸馏装置中加热汽化，然后将蒸馏水冷凝即制得。由于杂质离子一般不挥发，所以蒸馏水中所含杂质比自来水少得多，比较纯净但仍有少量杂质。为了获得比较纯净的蒸馏水可以进行重蒸馏，如果要使用更纯净的蒸馏水，可进行第三次蒸馏或用石英蒸馏器再蒸馏。

去离子水是使用自来水通过离子交换树脂柱后所得的水。制备时，一般将水依次通过阳离子交换树脂柱、阴离子交换树脂柱及阴、阳离子树脂混合交换柱。这样得到的水纯度比蒸馏水纯度高。

二、化学试剂

(一)化学试剂的分级

试剂的纯度对分析结果准确度的影响很大，不同的实验分析对试剂纯度的要求也不相同。为正确使用试剂必须了解试剂的分类标准(附录表 3-1)。

附录表 3-1　化学试剂的分级

等级	一级	二级	三级	四级	
中文标志	保证试剂 优级纯	分析试剂 分析纯	化学试剂 化学纯	化学用 实验试剂	生物试剂
英文标志	G. R.	A. R.	C. P.	L. R.	B. R. 或 C. R.
标签颜色	绿色	红色	蓝色	棕色	黄色、咖啡色等
纯度	纯度最高，杂质含量最低	纯度很高，略次于优级纯	纯度略低于分析纯	纯度较低	
适用范围	用于重要精密的分析工作和科学研究工作	用于一般科学研究和分析实验，为实验室广泛使用	适用于一般分析工作	用于一般的实验和要求不高的科学实验	根据试剂说明使用

此外，还有一些规格的试剂，如光谱纯试剂，其所含的杂质低于光谱分析法的检测限；色谱纯试剂是在最高灵敏度时以 10^{-10} g下无杂质峰来表示的；还有纯度较低的工业试剂。

（二）试剂的保管

生物化学实验室中大部分试剂都具有多重性质，因此，在保存时要综合考虑各方面的影响因素，遵循相应的原则。

密封：多数试剂都要密封存放，这是实验室保存试剂的一个重要原则。突出的有以下3类：①易挥发的试剂，如浓盐酸、浓硝酸、浓溴水等。②易与水蒸气、二氧化碳作用的试剂，如无水氯化钙、苛性钠、水玻璃等。③易被氧化的试剂（或还原性试剂），如亚硫酸钠、氢硫酸、硫酸亚铁等。

避光：见光或受热易分解的试剂，要避免光照，置阴凉处。如硝酸、硝酸银等，一般应盛放在棕色试剂瓶中。

防蚀：对有腐蚀作用的试剂，要注意防蚀。如氢氟酸不能放在玻璃瓶中；强氧化剂、有机溶剂不可用带橡胶塞的试剂瓶存放；碱液、水玻璃等不能用带玻璃塞的试剂瓶存放。

抑制：对于易水解、易被氧化的试剂，要加一些物质抑制其水解或被氧化。如氯化铁溶液中常滴入少量盐酸；硫酸亚铁溶液中常加入少量铁屑。

隔离：如易燃有机物要远离火源；强氧化剂（过氧化物或有强氧化性的含氧酸及其盐）要与易被氧化的物质（炭粉、硫化物等）隔开存放。

通风：多数试剂的存放，要遵循这一原则。特别是易燃有机物、强氧化剂等。

低温：对于室温下易发生反应的试剂，要采取措施低温保存。如苯乙烯和丙烯酸甲酯等不饱和烃及衍生物在室温时易发生聚合，过氧化氢易发生分解，因此要在10℃以下的环境保存。

特殊：特殊试剂要采取特殊措施保存。如钾、钠要放在煤油中，白磷放在水中；液溴极易挥发，要在其上面覆盖一层水等。

实验室要特别做好危险性化学试剂的存放工作。易燃易爆性化学试剂必须存放于专用的危险性试剂仓库里，并存放在不燃烧材料制作的试剂柜、试剂架上，温度不宜超过28℃，按规定严格实行双人收发、双人记账、双人双锁、双人运输、双人使用的"五双"制度。

（三）取用规则

1. 固体试剂的取用规则

要用干净的药勺取用。用过的药勺必须洗净和擦干后才能再使用，以免沾污试剂。

取用试剂后立即盖紧瓶盖。

称量固体试剂时，必须注意不要取多，取多的药品，不能倒回原瓶。

一般的固体试剂可以放在干净的纸或表面皿上称量。具有腐蚀性、强氧化性或易潮解的固体试剂不能在纸上称量，应放在玻璃容器内称量。

有毒的药品要在教师的指导下处理。

2. 液体试剂的取用规则

从滴瓶中取液体试剂时，要用滴瓶中的滴管，滴管绝不能伸入所用的容器中，以免接触器壁而玷污药品。从试剂瓶中取少量液体试剂时，则需要专用滴管。装有药品的滴管不得横置或滴管口向上斜放，以免液体滴入滴管的胶皮帽中。

从细口瓶中取出液体试剂时，用倾注法。先将瓶塞取下，反放在桌面上，手握住试剂瓶上贴标签的一面，逐渐倾斜瓶子，让试剂沿着洁净的试管壁流入试管或沿着洁净的玻璃棒注入烧杯中。取出所需量后，将试剂瓶扣在容器上靠一下，再逐渐竖起瓶子，以免遗留在瓶口的液体滴流到瓶的外壁。

三、溶液的配制

(一)固体试剂配制溶液

质量分数(百分浓度)溶液的配制。计算出配制一定质量分数的溶液所需要的固体试剂的质量，用电子天平准确称取固体试剂后倒入烧杯，量取一定体积蒸馏水倒入烧杯内，玻璃棒搅动，待固体试剂完全溶解后容量瓶定容即得所需溶液。将配制好的溶液倒入试剂瓶中，贴上标签，贮存备用。

物质的量浓度(摩尔浓度)溶液的配制。根据要求计算出配制一定体积浓度溶液所需要的固体试剂的质量。然后在分析天平上准确称取固体试剂并放入干净的烧杯中，加适量蒸馏水，玻璃棒搅动，待固体试剂全部溶解后将溶液转移到与所配溶液体积相对应的容量瓶中。用少量蒸馏水洗涤烧杯 2～3 次，洗涤液一并移入容量瓶中，以蒸馏水定容，将溶液混匀即得所配溶液。溶液移入试剂瓶中，贴上标签，备用。

(二)液体试剂(或浓溶液)配制溶液

体积比浓度溶液的配制。按体积比，量取液体(或浓溶液)试剂和溶剂的用量，倒入烧杯中混合，玻璃棒搅动，混匀，即成所需的体积比溶液。将溶液转移到试剂瓶中，贴上标签备用。

物质的量浓度(摩尔浓度)溶液的配制。当以较浓的准确浓度的溶液来配制较稀的准确浓度的溶液时，先进行计算，然后用处理好的刻度吸管准确吸取所需溶液注入给定体积的洁净的容量瓶中，加入蒸馏水定容，混匀后倒入试剂瓶中，贴上标签备用。

要注意的是，浓酸、浓碱具有很强的腐蚀性，使用时务必要特别地小心。配制硫酸溶液时必须将浓硫酸沿玻璃棒慢慢倒入水中，并不断搅拌，切不可将水倒入浓硫酸中！配制碱溶液时，要用小烧杯等玻璃器皿称取药品，进行溶解时要边加水边搅拌。

四、溶液混匀方法

配制溶液时，必须经过充分搅拌或振荡混匀后，溶液方可使用。实验室常用的溶液混匀方法有以下几种。

1. 搅拌式混匀

适用于烧杯内溶液的混匀，如固体试剂的溶解和混匀。搅拌时必须使用两头都圆滑的玻璃棒。玻璃棒的粗细、长短与容器的大小和所配制溶液的多少必须呈适当的比例关系。在搅拌的时候，应该尽量使玻璃棒沿着器壁运动，避免空气的搅入或者溶液的飞溅。倾入液体时，必须沿容器的器壁慢慢倾入，以免产生大量气体。倾倒蛋白质溶液等表面张力低的液体时，更需缓慢仔细。

2. 旋转式混匀

适用于锥形瓶、大试管内溶液的混匀。振荡溶液时，手握住容器后以手腕、肘或肩作轴旋转容器，不应上下振荡。

3. 弹打式混匀

适用于离心管、小试管内溶液的混匀。可由一手持管的上端用另一手的手指弹动离心管。也可以用同一手的大拇指和食指持管的上端，用其余三个手指弹动离心管。手指持管的松紧要随着振动的幅度变化。还可以把双手掌心相对合拢，夹住离心管来回搓动。

4. 倒转混匀法

适用于容量瓶内或分液漏斗中溶液的混匀。倒持容量瓶摇动，用食指或手心顶住瓶塞，并不时翻转容量瓶；在分液漏斗中振荡液体时，应用一手在适当斜度下倒持漏斗，用食指或手心顶住瓶塞，并用另一手控制漏斗的活塞，一边振荡，一边开动活塞，使气体可以随时由漏斗泻出。

5. 振荡混匀法

适用于多个试管中内容物的同时混匀。使用振荡器使多个试管同时混匀，或将试管置于试管架上，双手持管架轻轻振荡，实现混匀目的。

附录四　常用缓冲溶液的配制

缓冲溶液指的是由弱酸及其盐、弱碱及其盐组成的混合溶液，能在一定程度上抵消、减轻外加强酸或强碱对溶液酸碱度的影响，从而保持溶液的 pH 相对稳定。在生化研究工作中，常常需要使用缓冲溶液来维持实验体系的酸碱度。

常用的某些缓冲液列在附录表 4-1 中。绝大多数缓冲液的有效范围约在其 pK_a 值左右 1 pH 单位。

附录表 4-1　常用缓冲液 pK_a

酸或碱	pK_{a1}	pK_{a2}	pK_{a3}
磷酸	2.1	7.2	12.3
柠檬酸	3.1	4.8	5.4
碳酸	6.4	10.3	—
醋酸	4.8	—	—
巴比妥酸	3.4	—	—
Tris(三羟甲基氨基甲烷)	8.3	—	—

选择实验的缓冲系统时，要特别慎重。因为影响实验结果的因素有时并不是缓冲液的 pH，而是缓冲液中的某种离子。选用下列缓冲系统时应加以注意。

(1)硼酸盐。这个化合物能与许多化合物(如糖)生成复合物。

(2)柠檬酸盐。柠檬酸离子能与 Ca^{2+} 结合，因此不能在 Ca^{2+} 存在时使用。

(3)磷酸盐。它可能在一些实验中作为酶的抑制剂甚至代谢物起作用。重金属离子能与此溶液生成磷酸盐沉淀，而且它在 pH 7.5 以上的缓冲能力很小。

(4)Tris。这个缓冲液能在重金属离子存在时使用，但也可能在一些系统中起抑制剂的作用。它的主要缺点是温度效应(此点常被忽视)。室温时 pH 7.8 的 Tris 缓冲液在 4℃时的 pH 为 8.4，在 37℃时为 7.4，因此一种物质在 4℃制备时到 37℃测量时其氢离子浓度可增加 10 倍之多。Tris 在 pH 7.5 以下的缓冲能力很弱。

1. 磷酸氢二钠-柠檬酸缓冲液

mL

pH	0.2 mol·L^{-1} Na_2HPO_4	0.1 mol·L^{-1} 柠檬酸	pH	0.2 mol·L^{-1} Na_2HPO_4	0.1 mol·L^{-1} 柠檬酸
2.2	0.40	19.60	5.2	10.72	9.28
2.4	1.24	18.76	5.4	11.15	8.85
2.6	2.18	17.82	5.6	11.60	8.40
2.8	3.17	16.83	5.8	12.09	7.91
3.0	4.11	15.89	6.0	12.63	7.37
3.2	4.94	15.06	6.2	13.22	6.78
3.4	5.70	14.30	6.4	13.85	6.15
3.6	6.44	13.56	6.6	14.55	5.45
3.8	7.10	12.90	6.8	15.45	4.55
4.0	7.71	12.29	7.0	16.47	3.53
4.2	8.28	11.72	7.2	17.39	2.61
4.4	8.82	11.18	7.4	18.17	1.83
4.6	9.35	10.65	7.6	18.73	1.27
4.8	9.86	10.14	7.8	19.15	0.85
5.0	10.30	9.70	8.0	19.45	0.55

Na_2HPO_4 相对分子质量 =141.98；0.2 mol·L^{-1} 溶液为 28.40 g·L^{-1}。

$Na_2HPO_4 \cdot 2H_2O$ 相对分子质量 =178.05；0.2 mol·L^{-1}溶液为 35.61 g·L^{-1}。

$C_6H_8O_7 \cdot H_2O$ 相对分子质量 =210.14；0.1 mol·L^{-1} 溶液为 21.01 g·L^{-1}。

2. 柠檬酸-柠檬酸钠缓冲液(0.1 mol·L^{-1})

mL

pH	0.1 mol·L^{-1} 柠檬酸	0.1 mol·L^{-1} 柠檬酸钠	pH	0.1 mol·L^{-1} 柠檬酸	0.1 mol·L^{-1} 柠檬酸钠
3.0	18.6	1.4	5.0	8.2	11.8
3.2	17.2	2.8	5.2	7.3	12.7
3.4	16.0	4.0	5.4	6.4	13.6
3.6	14.9	5.1	5.6	5.5	14.5
3.8	14.0	6.0	5.8	4.7	15.3
4.0	13.1	6.9	6.0	3.8	16.2
4.2	12.3	7.7	6.2	2.8	17.2
4.4	11.4	8.6	6.4	2.0	18.0
4.6	10.3	9.7	6.6	1.4	18.6
4.8	9.2	10.8			

柠檬酸 $C_6H_8O_7 \cdot H_2O$，相对分子质量 ＝210.14；0.1 mol・L^{-1}溶液为 21.01 g・L^{-1}。

柠檬酸钠 $Na_3C_6H_5O_7 \cdot 2H_2O$，相对分子质量 ＝294.12；0.1 mol・$L^{-1}$ 溶液为 29.41 g・L^{-1}。

3. 醋酸-醋酸钠缓冲液（0.2 mol・L^{-1}）

mL

pH(18℃)	0.2 mol・L^{-1} NaAc	0.2 mol・L^{-1} HAc	pH(18℃)	0.2 mol・L^{-1} NaAc	0.2 mol・L^{-1} HAc
3.6	0.75	9.25	4.8	5.90	4.10
3.8	1.20	8.80	5.0	7.00	3.00
4.0	1.80	8.20	5.2	7.90	2.10
4.2	2.65	7.35	5.4	8.60	1.40
4.4	3.70	6.30	5.6	9.10	0.90
4.6	4.90	5.10	5.8	9.40	0.60

$NaAc \cdot 3H_2O$ 相对分子质量 ＝136.09；0.2 mol・L^{-1} 溶液为 27.22 g・L^{-1}。

4. 磷酸盐缓冲液

(1)磷酸氢二钠-磷酸二氢钠缓冲液（0.2 mol・L^{-1}）。

mL

pH	0.2 mol・L^{-1} Na_2HPO_4	0.2 mol・L^{-1} NaH_2PO_4	pH	0.2 mol・L^{-1} Na_2HPO_4	0.2 mol・L^{-1} NaH_2PO_4
5.8	8.0	92.0	7.0	61.0	39.0
5.9	10.0	90.0	7.1	67.0	33.0
6.0	12.3	87.7	7.2	72.0	28.0
6.1	15.0	85.0	7.3	77.0	23.0
6.2	18.5	81.5	7.4	81.0	19.0
6.3	22.5	77.5	7.5	84.0	16.0
6.4	26.5	73.5	7.6	87.0	13.0
6.5	31.5	68.5	7.7	89.5	10.5
6.6	37.5	62.5	7.8	91.5	8.5
6.7	43.5	56.5	7.9	93.0	7.0
6.8	49.0	51.0	8.0	94.7	5.3
6.9	55.0	45.0			

$Na_2HPO_4 \cdot 2H_2O$ 相对分子质量=178.05；0.2 $mol \cdot L^{-1}$溶液为 35.61 $g \cdot L^{-1}$。

$Na_2HPO_4 \cdot 12H_2O$ 相对分子质量 =358.22；0.2 $mol \cdot L^{-1}$溶液为 71.64 $g \cdot L^{-1}$。

$NaH_2PO_4 \cdot H_2O$ 相对分子质量 =138.01；0.2 $mol \cdot L^{-1}$溶液为 27.6 $g \cdot L^{-1}$。

$NaH_2PO_4 \cdot 2H_2O$ 相对分子质量 =156.03；0.2 $mol \cdot L^{-1}$溶液为 31.21 $g \cdot L^{-1}$。

(2)磷酸氢二钠-磷酸二氢钾缓冲液(1/15 $mol \cdot L^{-1}$)。

mL

pH	1/15 $mol \cdot L^{-1}$ Na_2HPO_4	1/15 $mol \cdot L^{-1}$ KH_2PO_4	pH	1/15 $mol \cdot L^{-1}$ Na_2HPO_4	1/15 $mol \cdot L^{-1}$ KH_2PO_4
4.92	0.10	9.90	7.17	7.00	3.00
5.29	0.50	9.50	7.38	8.00	2.00
5.91	1.00	9.00	7.73	9.00	1.00
6.24	2.00	8.00	8.04	9.50	0.50
6.47	3.00	7.00	8.34	9.75	0.25
6.64	4.00	6.00	8.67	9.90	0.10
6.81	5.00	5.00	9.18	10.00	0
6.98	6.00	4.00			

$Na_2HPO_4 \cdot 2H_2O$ 相对分子质量=178.05;1/15 $mol \cdot L^{-1}$溶液为 11.876 $g \cdot L^{-1}$。

KH_2PO_4相对分子质量=136.09;1/15 $mol \cdot L^{-1}$溶液为 9.078 $g \cdot L^{-1}$。

5.巴比妥钠-盐酸缓冲液(18℃)

mL

pH	0.04 $mol \cdot L^{-1}$ 巴比妥钠溶液	0.2 $mol \cdot L^{-1}$ 盐酸	pH	0.04 $mol \cdot L^{-1}$ 巴比妥钠溶液	0.2 $mol \cdot L^{-1}$ 盐酸
6.8	100	18.4	8.4	100	5.21
7.0	100	17.8	8.6	100	3.82
7.2	100	16.7	8.8	100	2.52
7.4	100	15.3	9.0	100	1.65
7.6	100	13.4	9.2	100	1.13
7.8	100	11.47	9.4	100	0.70
8.0	100	9.39	9.6	100	0.35
8.2	100	7.21			

巴比妥钠盐相对分子质量 =206.18；0.04 $mol \cdot L^{-1}$溶液为 8.25 $g \cdot L^{-1}$。

6. Tris-盐酸缓冲液(25℃)

50 mL 0.1 mol·L^{-1}三羟甲基氨基甲烷(Tris)溶液与 x mL 0.1 mol·L^{-1}盐酸混匀后,加水稀释至 100 mL。

mL

pH	x	pH	x
7.10	45.7	8.10	26.2
7.20	44.7	8.20	22.9
7.30	43.4	8.30	19.9
7.40	42.0	8.40	17.2
7.50	40.3	8.50	14.7
7.60	38.5	8.60	12.4
7.70	36.6	8.70	10.3
7.80	34.5	8.80	8.5
7.90	32.0	8.90	7.0
8.00	29.2		

羟甲基氨基甲烷(Tris)相对分子质量＝121.14；0.1 mol·L^{-1} 溶液为 12.114 g·L^{-1}。

Tris 溶液可从空气中吸收二氧化碳,使用时注意将瓶盖严。

7. 碳酸钠-碳酸氢钠缓冲液(0.1 mol·L^{-1})

mL

pH		0.1 mol·L^{-1}	0.1 mol·L^{-1}
20℃	37℃	Na_2CO_3	$NaHCO_3$
9.16	8.77	1	9
9.40	9.12	2	8
9.51	9.40	3	7
9.78	9.50	4	6
9.90	9.72	5	5
10.14	9.90	6	4
10.28	10.08	7	3
10.53	10.28	8	2
10.83	10.57	9	1

$Na_2CO_3 \cdot 10H_2O$ 相对分子质量 ＝286.2;0.1 mol·L^{-1}溶液为 28.62 g·L^{-1}。

$NaHCO_3$相对分子质量 ＝84.0;0.1 mol·L^{-1}溶液为 8.40 g·L^{-1}。

Ca^{2+}、Mg^{2+}存在时不得使用。

附录五　常用酸碱指示剂及有机溶剂的性质

一、常用酸碱指示剂的配制

1. 酚酞指示剂

取酚酞 1 g，加 95%乙醇 100 mL 使溶解，即得。变色范围为 pH 8.3～10.0（无色-红）。

2. 淀粉指示液

取可溶性淀粉 0.5 g，加水 5 mL 搅匀后，缓缓倾入 100 mL 沸水中，随加随搅拌，继续煮沸 2 min，放冷，取上清液即得。本液应临用前配制。

3. 碘化钾淀粉指示液

取碘化钾 0.2 g，加新制的淀粉指示液 100 mL。使溶解，即得。

4. 甲基红指示液

取甲基红 0.1 g，加氢氧化钠液（0.05 $mol \cdot L^{-1}$）7.4 mL 使溶解，再加水稀释至 200 mL，即得。变色范围为 pH 4.2～6.3（红-黄）。

5. 甲基橙指示液

取甲基橙 0.1 g，加水 100 mL 使溶解，即得。变色范围为 pH 3.2～4.4（红-黄）。

6. 中性红指示液

取中性红 0.5 g，加水使溶解成 100 mL，过滤，即得。变色范围为 pH 6.8～8.0（红-黄）。

7. 孔雀绿指示液

取孔雀绿 0.3 g，加冰醋酸 100 mL 使溶解，即得。变色范围为 pH 0～2.0（黄-绿）；11.0～13.5（绿-无色）。

8. 对硝基酚指示液

取对硝基酚 0.25 g，加水 100 mL 使溶解，即得。

9. 刚果红指示液

取刚果红 0.5 g,加 10%乙醇 100 mL 使溶解,即得。变色范围为 pH 3.0~5.0(蓝-红)。

10. 结晶紫指示液

取结晶紫 0.5 g,加冰醋酸 100 mL 使溶解,即得。

二、常用酸碱试液配制及其相对密度、浓度

名称	化学式	相对密度(20℃)	质量分数/%	质量浓度/(g·mL⁻¹)	物质的量浓度/(mol·L⁻¹)	配制方法
浓盐酸	HCl	1.19	38	44.30	12	
稀盐酸	HCl			10	2.8	浓盐酸 234 mL 加水至 1 000 mL
浓硫酸	H_2SO_4	1.84	96~98	175.9	18	
稀硫酸	H_2SO_4			10	1	浓硫酸 57 mL 缓缓倾入约 800 mL 水中,并加水至 1 000 mL
浓硝酸	HNO_3	1.42	70~71	99.12	16	
稀硝酸	HNO_3			10	1.6	浓硝酸 105 mL 缓缓加入约 800 mL 水中,并加水至 1 000 mL
冰醋酸	CH_3COOH	1.05	99.5	104.48	17	
稀醋酸	CH_3COOH			6.01	1	冰醋酸 60 mL 加水稀释至 1 000 mL
高氯酸	$HClO_4$	1.75	70~71		12	
浓氨溶液	NH_3 H_2O	0.90	25%~27% NH_3	22.5%~24.3% NH_3	15	
氨试液(稀氢氧化氨液)		0.96	10% NH_3	9.6% NH_3	6	浓氨液 400 mL 加水稀释至 1 000 mL

三、常用有机溶剂及其主要性质

名称	化学式	相对分子质量	熔点/℃	沸点/℃	溶解性	性质
甲醇	CH_3OH	32.04	−97.8	64.7	溶于水、乙醇、乙醚、苯等	无色透明液体。易被氧化成甲醛。其蒸汽能与空气形成爆炸性的混合物。有毒，误饮后，能使眼睛失明。易燃，燃烧时生成蓝色火焰
乙醇	C_2H_5OH	46.07	−114.10	78.50	能与水、苯、醚等许多有机溶剂相混溶。与水混溶后体积缩小，并释放热量	无色透明液体，有刺激性气味，易挥发。易燃。为弱极性的有机溶剂
丙醇	C_3H_7OH	60.09	−127.0	97.20	与水、乙醇、乙醚等混溶	无色液体，对眼睛有刺激作用。有毒，易燃
丙三醇（甘油）	$C_3H_8O_3$			180	易溶于水，在乙醇等中溶解度较小，不溶解于醚、苯和氯仿	无色有甜味的黏稠液体。具有吸湿性，但含水到20%就不再吸水
丙酮	C_3H_6O	58.08	−94.0	56.5	与水、乙醇、氯仿、乙醚及多种油类混溶	无色透明易挥发的液体，有令人愉快的气味。能溶解多种有机物，是常用的有机溶剂。易燃

续表

名称	化学式	相对分子质量	熔点/℃	沸点/℃	溶解性	性质
乙醚	$C_4H_{10}O$	74.12	−116.3	34.6	微溶于水，易溶于浓盐酸，与醇、苯、氯仿、石油醚及脂肪溶剂混溶	无色透明易挥发的液体，其蒸汽与空气混合极易爆炸。有麻醉性。易燃，避光置阴凉处密封保存。在光下易形成爆炸性过氧化物
乙酸乙酯	$C_4H_9O_2$	88.1	−83.0	77.0	能与水、乙醇、乙醚、丙酮及氯仿等混溶	无色透明易挥发的液体。易燃。有果香味
苯	C_6H_6	78.11	5.5(固)	80.1	微溶于水和醇，能与乙醚、氯仿及油等混溶	白色结晶粉末，溶液呈酸性。有毒性，对造血系统有损害。易燃
甲苯	C_7H_8	92.12	−95	110.6	不溶于水，能与多种有机溶剂混溶	无色透明有特殊芳香味的液体，易燃，有毒
二甲苯	C_8H_{10}	106.16		137～140	不溶于水，与无水乙醇、乙醚、三氯甲烷等混溶	无色透明液体，易燃，有毒。高浓度有麻醉作用
苯酚	C_6H_5OH	94.11	42	182.0	溶于热水，易溶于乙醇等有机溶剂。不溶于冷水和石油醚	无色结晶，见光或露置空气中变为淡红色。有刺激性和腐蚀性。有毒
氯仿	$CHCl_3$	119.39	−63.5	61.2	微溶于水，能与醇、醚、苯等有机溶剂及油类混溶	无色透明有香甜味的液体，易挥发，不易燃烧。在光和空气中的氧气作用下产生光气。有麻醉作用

续表

名称	化学式	相对分子质量	熔点/℃	沸点/℃	溶解性	性质
四氯化碳	CCl_4	153.84	−23(固)	76.7	不溶于水，能与乙醇、苯、氯仿等混溶	无色透明不燃烧的液体。可用于灭火。有毒
二硫化碳	CS_2	76.14	−111.6	46.5	难溶于水，能与乙醇等有机溶剂混溶	无色透明的液体，有毒，有恶臭，极易燃
石油醚				30～70	不溶于水，能与多种有机溶剂混溶	是低沸点的碳氢化合物的混合物。有挥发性，极易燃，和空气的混合物有爆炸性
甲醛	CH_2O	30.03	120～170（多聚乙醛）		能与水和乙醇等混合。30%～40%的甲醛水溶液称为福尔马林，并含有5%～15%的甲醇	无色透明液体，遇冷聚合变混，形成多聚甲醛的白色沉淀。在空气中能逐渐被氧化成甲酸。有凝固蛋白质的作用。避光，密封，15℃以上保存。有毒
乙醛	CH_3CHO	44.05		20.8	能与水和乙醇任意混合	无色透明液体，久置聚合并发生浑浊或沉淀。易挥发。乙醛气体与空气混合后易引起爆炸
二甲亚砜	CH_3SOCH_3		18.5	189	能与水、醇、醚、丙酮、乙醛、吡啶、乙酸乙酯等混溶，不溶于乙炔以外的肪烃化合物	有刺激性气味的无色黏稠液体，有吸湿性。常用作冷冻材料时的保护剂。为非质子化的极性溶剂，能溶解二氧化硫、二氧化氮、氯化钙、硝酸钠等无机盐

续表

名称	化学式	相对分子质量	熔点/℃	沸点/℃	溶解性	性 质
乙二胺四乙酸	$C_{10}H_{16}N_2O_8$	292.25	240		溶于氢氧化钠、碳酸钠和氨溶液，不溶于冷水、醇和一般有机溶剂	白色结晶粉末，能与碱金属、稀土元素、过度金属等形成极稳定的水溶性络合物，常用作络合试剂
吐温-80					能与水及多种有机溶剂相混溶，不溶于矿物油和植物油	浅粉红色油状液体。有脂肪味

附录六 常用仪器设备的使用

一、容量玻璃仪器的使用方法

容量仪器有装量和卸量两种。量瓶和单刻度吸管为装置仪器。滴定管、一般吸管和量筒等均为卸量仪器。近年来,自动取样器已广泛应用于生理生化教学和科学研究中,是一种取液量连续可调的精密仪器,使用极为方便。

1.吸管

吸管是生理生化实验中最常用的卸量容器。移取溶液时,如吸管不干燥,应预先用所吸取的溶液将吸管冲洗 2～3 次,以确保所吸取的操作溶液浓度不变。吸取溶液时,一般用右手的大拇指和中指拿住管颈刻度线上方,把管尖插入溶液中。左手拿洗耳球,先把球内空气压出,然后把洗耳球的尖端接在吸管口,慢慢松开左手指,使溶液吸入管内。当液面升高至刻度以上时,移开洗耳球,立即用右手的食指按住管口,大拇指和中指拿住吸管刻度线上方,再使吸管离开液面,此时管的末端仍靠在盛溶液器皿的内壁上。略微放松食指,使液面平稳下降,直到溶液的弯月面与刻度标线相切时,立即用食指压紧管口,取出吸管,插入接收器中,管尖仍靠在接收器内壁,此时吸管应垂直,并与接收器约呈 15°夹角。松开食指让管内溶液自然地沿器壁流下。遗留在吸管尖端的溶液及停留的时间要根据吸管的种类进行不同处理。

(1)无分度吸管(单刻度吸管,移液管)。使用普通无分度吸管卸量时,管尖所遗留的少量溶液不要吹出,停留等待 3 s,同时转动吸管。

(2)分度吸管(多刻度吸管、直管吸管)。分度吸管有完全流出式、吹出式和不完全流出式等多种型号。

①完全流出式。上有零刻度,下无总量刻度的,或上有总量刻度,下无零刻度的为完全流出式。这种吸管又分为慢流速、快流速两种。按其容量和精密度不同,慢流速吸管又分为 A 级与 B 级,快流速吸管只有 B 级。使用时 A 级最后停留 15 s, B 级停留 3 s,同时转动吸管,尖端遗留液体不要吹出。

②吹出式。标有“吹”字的为吹出式,使用时最后应吹出管尖内遗留的液体。

③不完全流出式。有零刻度也有总量刻度的为不完全流出式。使用时全速流出至相应的容量标刻线处。

为便于准确快速地选取所需的吸管，国际标准化组织统一规定，在分度吸管的上方印上各种彩色环，其容积标志如附录表 6-1 所示。

附录表 6-1　分度吸管

项目	标称容量/mL								
	0.1	0.2	0.25	0.5	1	2	5	10	25
色标	红	黑	白	红	黄	黑	红	橘红	白
标注方式	单	单	双	双	单	单	单	单	单

不完全流出式在单环或双环上方再加印一条宽 1～1.5 mm 的同颜色彩环以与完全流出式分度吸管相区别。

(3)使用注意事项。

①应根据不同的需要选用大小合适的吸管，如欲量取 1.5 mL 的溶液，显然选用 2 mL 吸管要比选用 1 mL 或 5 mL 吸管误差小。

②吸取溶液时要把吸管插入溶液深处，避免吸入空气而将溶液从上端溢出。

③吸管从液体中移出后必须用滤纸将管的外壁擦干，再行放液。

2. 滴定管

可以准确量取不固定量的溶液或用于容量分析。常用的常量滴定管有 25 mL 及 50 mL 两种，其最小刻度单位是 0.1 mL，滴定后读数时可以估计到小数点后 2 位数字。在生物化学和生理实验中常使用 2 mL 及 5 mL 半微量滴定管。这种滴定管内径狭窄，尖端流出的液滴也小，最小刻度单位是 0.01～0.02 mL，读数可到小数点后第 3 位数字。在读数以前要多等候一段时间，以便让溶液缓慢流下。

3. 量筒

量筒不是吸管或滴定管的代用品。在准确度要求不高的情况下，用来量取相对大量的液体。不需加热促进溶解的定性试剂可直接在具有玻璃塞的量筒中配制。

4. 容量瓶

容量瓶具有狭窄的颈部和环形的刻度。是在一定温度下(通常为 20℃)检定的，含有准确体积的容器。使用前应检查容量瓶的瓶塞是否漏水，合格的瓶塞应系在瓶颈上，不得任意更换。容量瓶刻度以上的内壁挂有水珠会影响准确度，所以应该洗得很干净。所称量的任何固体物质必须先在小烧杯中溶解或加热溶解，冷却至室温后才能转移到容量瓶中。容量瓶绝不应加热或烘干。

二、电子天平

电子天平是生物化学实验中常用的称量仪器之一。电子天平具有称量结果准确可靠、显示快速清晰、使用方法简便等优点。

(一)常用电子天平的操作规程

1. FA1004 电子分析天平

(1)准备。调整天平底角螺丝,直至将水平器内的气泡调入圆圈中央为止。

(2)启动。接通电源,打开电源开关。预热 30 min。

(3)校准。天平首次使用时,或称量操作一段时间后,或放置地点变换后,或环境温度改变后等,应进行校准。

(4)简单称量。按“去皮/置零”键,待天平显示“0.000 0 g”后,将被测物置于秤盘上,关闭玻璃门,待示数稳定后,读取数值。

(5)去皮称量。在示数显示“0.000 0 g”时,打开天平的玻璃侧门。将称量纸或空容器置于天平秤盘上,关闭侧门。当示数稳定后,按“去皮/置零”键,显示屏显示“0.000 0 g”。打开天平侧门,将适量待称样品轻轻抖入称量纸或空容器中,关闭玻璃侧门。待示数稳定后,读取数值。

(6)称量完毕。取出称量物品,关好玻璃侧门,按“开机/关机”键关闭电源。若长期不用时,仪器应断开电源。

2. YP/JY 系列电子天平

(1)准备。逆时针方向旋转传感器螺丝至和外壳平行,将传感器置于工作位置。

(2)开机。接通电源,打开电源开关。预热 30 min。

(3)校准。按“CAL(校准)”键约 3 s,放上相应值的砝码,待显示器显示砝码重量后,即可进入称重状态。

(4)去皮。按“TARE(去皮)”键,去掉秤盘上的皮重。

(5)称量。置待称物品于秤盘上,示数稳定后,读取物体的质量。

(6)称量完毕。取出称量物品,关闭电源。

(二)注意事项

(1)天平应置于稳定的工作台上,避免震动、气流、阳光照射及强电磁波干扰等。

(2)称量物品时应遵循逐次添加原则,轻拿轻放;皮重和待称物质量的和不得超过天平的称量范围。

(3)不准在秤盘上直接称试剂,应使用称量纸或盛放在干净的容器内称量。

(4)天平使用完后,应对其内部、外部周围区域进行清理,不可把待称量物品长时间放置于天平周围。

三、分光光度计

分光光度计,又称光谱仪,是将成分复杂的光,分解成为光谱线的科学仪器。测量范围一般包括波长范围为 380～780 nm 的可见光区和波长范围为 200～380 nm 的紫外光区。

(一)721 型分光光度计

1. 操作方法

(1)在接通电源之前,应该对于仪器的安全性进行检查,电源线接线应牢固,通地要良好,各个调节旋钮的起始位置应该正确。

(2)电表的指针必须位于零刻线上。若指针偏离,则可用电表上的校正螺丝进行调节。

(3)将仪器的电源接通,打开比色皿暗厢盖,使电表指针处于零位。预热 20 min 后,才能使用。

(4)调节波长旋钮至所需用的单色光波长,选择相应的放大灵敏度档,再用零位电位器校正电表指针指在零位。

(5)将预先装好空白溶液和待测溶液的比色皿依次放入暗厢内的比色皿架上。此时空白溶液应位于光路上。盖上暗箱,使光电管见光,旋转光量调节器,使光电管输出的光电信号能使电表指针正确处于 100%。

(6)按上述方法连续几次调整零位和使电表指针指在 100%后,即可进行测定工作。

(7)再最后一次调节电表指针,使它指在透光率 100%后,轻拉比色皿定位装置的拉杆,使待测溶液进入光路。此时由标尺上可直接读出光吸收值和透光率的读数。

2. 注意事项

(1)可根据不同的单色光波长,和光能量选用放大器灵敏度档。各档的灵敏度范围是:第一档×1 倍,第二档×10 倍,第三档×20 倍。原则是能使空白档良好的用光量调节器调整于 100%处。

(2)仪器底部放有 2 只干燥剂筒,用以保持仪器的干燥,此外在仪器停止工作期间,在比色皿暗箱内,塑料仪器套内都应放防潮硅胶袋。

(3)仪器的连续使用时间不应超过 2 h。使用后必须间歇 0.5 h,才能再用。

(4)务必保持比色皿透光面的清洁。不要用手摸比色皿的光滑的表面,更不要用毛刷刷洗比色皿,以免影响读数的准确。

(5)脏的比色皿可浸泡在肥皂水中,然后再用自来水和蒸馏水冲洗干净。倒置晾干备用。

(6)比色皿外边沾有水或待测溶液时,可先用滤纸吸干,再用镜头纸揩净。

(7)把比色皿放入比色皿架时,要注意尽量使它们的位置前后一致。

(8)测定时应尽量使被测溶液的光吸收值在 0.1～0.65 范围内。

(9)仪器的周围应干燥。仪器用完后,应该用塑料套子罩住,并在套子内放数袋防潮硅胶。

(10)经常注意单色光器的防潮硅胶是否受潮,并及时调换或烘干。

(二)722S 型分光光度计

与 721 型相比具有更宽广的光谱范围,包含了现代比色分析与生化及酶分析常用的 340～400 nm 近紫外段和 800～1 000 nm 的近红外段。

1.操作方法

(1)预热。打开样品槽盖,打开电源,预热 20 min。(注意:预热或者使用间隔期,将样品槽盖打开,数字显示窗口显示 TRANS 值,目的是减少光电管的使用时间,延长其寿命)

(2)调整波长。使用波长调节旋钮,具体波长由旋钮一侧的显示窗显示。

(3)调零。按"0%"键,即能自动调整零位。

(4)样品液准备。将空白对照和样品液分别装入比色皿。比色皿有光面和毛面,手拿毛面,如有液体漏到比色皿外壁,以吸水纸轻轻擦去。

(5)调整 100%T。将用作背景的空白样品置入样品室光路中,盖下试样盖(同时打开光门),按下"100%T"键即能自动调整 100%T。(注意:调整 100%T 时整机自动增益系统重调可能影响 0%,调整后请检查 0%,如有变化可重调 0%一次。)

(6)测量。用仪器前面的拉杆来改变样品位置,打开样品室盖以观察样品槽中的样品位置,最靠近测试者的为"0"位置,依次为"1""2""3"位置。当拉杆到位时有定位感,到位时请前后轻轻推动一下以确保位置正确。按 MODE 键使读数窗口显示 ABS 值,将样品进入光路,读取 ABS 值,做好记录。

(7)清洁。测完样品后,看是否污染仪器并进行适当处理,关掉电源,做好仪器使用记录。

2. 注意事项

(1)每台仪器所配套的比色皿,不能与其他仪器的比色皿单个调换。

(2)每次测试完毕或更换样品液时须打开样品池盖,数字显示窗口显示TRANS值,以防光照过久使光电管疲劳。

(3)调整100%T时整机自动增益系统重调可能影响0%,调整后请检查0%,如有变化可重调0%一次。

(4)其他见721型分光光度计注意事项。

(三)SP-721(E)/722(E)型可见分光光度计

1. 使用方法

(1)仪器接通电源,开机,预热20 min。

(2)旋动波长调节旋钮到测试波长位置;按“0A/100%T”键,使吸光度显示为0.000。

(3)测定。

吸光度测试:仪器默认显示状态为“A”(其他状态下可按“MODE”键,选择A方式),把参比物质放入光路,按“0A/100%T”键,扣除空白吸光度(显示.000),然后把待测样品放入光路,显示值即为样品的实际吸光度。

透过率测定:按“MODE”键,选择T方式,把参比物质放入光路,按“0A/100%T”键,扣除空白值(显示100.0),然后把待测样品放入光路,显示值即为样品的实际透过率。

(4)测试结束,及时将样品室中的样品取出,关闭仪器电源。

2. 注意事项

(1)比色皿架有四个槽位(对光位置),拉杆往里推到底时处在槽位1,往外拉动一档为挡光位置,接下来依次为槽位2、槽位3、槽位4。

(2)测试前先检查。透过率模式下,挡光位置,透过率是否显示为00.0%T。否则要调整暗电流,按“0%T”键,使透过率显示为00.0%T;返回对光位置,仍能显示100.0%T,否则重新调100%T。仪器在调100%T的过程中,请勿急着打开样品室盖,等调整完成显示100%T(0A)后再进行有关操作。

(3)在某特定波长下测试,每次改变波长后,要重新调100%T。

(4)仪器执行各项操作(包括调100%T、0%T)的前提是:样品室盖必须合上。

(5)“MODE”为T,对光位置,调100%T;拉一下至挡光位置(或对光位置放挡光体),调0%T。

(四)UV-1600紫外可见分光光度计

1.使用方法

(1)开机。接通电源,打开设备电源开关。

(2)自检。按除复位键外的任意键,设备开始自检。自检内容包括钨灯、氘灯、滤色片、灯定位、样池定位、波长定位。待各项显示OK(附录图6-1),按任意键键入主菜单(附录图6-2)。

自检	钨灯	OK
	氘灯	OK
	滤色片	OK
	灯定位	OK
	样池定位	OK
	波长定位	OK

附录图6-1 自检菜单

主菜单
1.波长扫描
2.光度测量
3.定量分析
4.时间扫描
5.系统设置

附录图6-2 主菜单

(3)波长扫描测量方式。主菜单下,按数字键1,进入波长扫描菜单。

在波长扫描主操作界面上,按F1键进入参数设置菜单。通过 ↑ 或 ↓ 键将光标停在波长范围、光度范围、换灯点等相应的选项处,设定参数,用ENTER键确认。若输入错误,按CE键取消输入。

通过 ↑ 或 ↓ 键将光标停在样品位置等相应的选项处,直接输入数据设定参数即可。参数设定完成后,按F2键,待显示器出现“测量吗?”提示后,按ENTER键,显示器右上方出现提示“测量中……”。在测量中途,若想停止测量,按CE键。

测量结束后,按F3(处理)进入峰谷检测菜单。按F4(打印键)打印峰谷检测结果。按RETURN键返回波长扫描主菜单操作界面。

(4)光度测量方式。主菜单下,按数字键2,进入光度测量菜单。

在光度测量主操作界面上,按F1键进入参数设置菜单。参数设置类型与波长扫描一样,设置方法也相同。参数设定完成后,按F2键,按提示操作。

(5)定量分析方式。主菜单下,按数字键3,进入定量分析菜单。

定量分析测量前,需要通过自定义系数法或键入标样浓度法建立标准工作曲线。标准工作曲线建立完成后按“RETURN”键返回到定量分析界面,选定样池,按“F2”测量浓度。

(6)时间扫描测量方式。主菜单下,按数字键4,进入时间扫描菜单。

按F1键进入参数设置菜单,根据需要设置测量方式、比色皿校正、光度范围、时间范围、取样间隔、波长、换灯点。参数设置完成后，按 RETURN 键返回至时间扫描主操作界面。按 F2 键进行测量。

2. 注意事项

(1)弄清样池号。站在仪器前面，打开样品室，靠近操作者的第一个样池为 1 号样池，往远离操作者的方向依次为 2、3、4、5、6、7、8 号样池。测量时，8 号样池应放参比试样。

(2)操作提示中，按"ENTER"键表示对询问的确认，按"CE"键表示对询问的否定。

(3)进入功能操作后，请不要无目的地触摸键盘，以免误操作。

(4)测量运行时，不要随便打开样品室盖。

(5)本仪器采用模块化方法设计软件，各功能模块是相互独立的。只要在操作过程中不进行波长校正，各功能模块保存各自最后测量的数据。但是，断电后测量数据将丢失，所以断电前或者重新测量前，请及时保存有价值的图谱或数据。

(6)允许用酒精、汽油、乙醚等有机溶液擦洗仪器。

(7)如果不用紫外波段，可在仪器自检结束后关闭氘灯，以延长其寿命。

仪器不正常工作时，应该认真观察现象，最好记录下来，并报告老师，为维护人员检修仪器创造条件。

四、离心机

离心机是利用离心力，分离液体与固体颗粒或液体与液体的混合物中各组分的机器，广泛应用于农业、工业、医药和生物等科学研究领域中。根据转速的不同，可分为低速、高速和超速等不同类型。

(一)L-500 低速自动平衡离心机

1. 操作方法

(1)开箱后，将离心机放置于桌或平面台板上，使离心机底面四只橡胶机脚与桌面接触，均匀受力。

(2)插上电源插座，按下电源开关(开关在离心机背面)，接通电源。

(3)按 STOP 键，打开门盖。离心管加液放入管套(离心管试液目测均匀)。离心管必须成偶数对称放置，否则会产生振动和噪声。

(4)关上门盖，使门盖锁紧。如果未关上门盖或门盖未锁紧，离心机不能启动运转，时间窗口显示 E4 号故障。

(5)设置转速和时间。

①设置转速。按 SET 键及▲/▼键，选择离心机本次工作的转速。离心机程序已锁定最高转速 5 000 r·min^{-1}。

②设置时间。按 SET 键及▲/▼键，选择离心机本次工作的时间。时间为倒计时。

③当上述步骤完成后，按 ENTER 键确认上述所设定的转速和时间。

(6)启动和停止运行。

①启动：按 START 键启动离心机运转，运行指示灯亮。

②自动停止：运行时间倒计时到零，离心机自动减速停止运行，停止指示灯亮，当转速等于 0 r·min^{-1} 时，蜂鸣器鸣叫 3 声，按 STOP 键打开门锁。

③人工停止：在运行中按 STOP 键离心机减速停止运行，停止指示灯亮。

(7)查看离心力。在运行中，如果要查看离心力，按下 RCF 键即显示当时转速相对应的离心力；再按 RCF 键又返回显示转速。

(8)短时离心。在接通电源并关上门盖后，按住 PULCE 键不动，离心机快速运转，松开后离心机自动停止。

(9)离心管的取出。离心机停止运转后，按 STOP 键打开门锁，将电源开关标有“O”符号一端按下，切断电源。将门盖打开，取出离心管。

(10)关闭电源。工作完成后，应关闭电源或拔出电源线插头。

2. 注意事项

(1)在离心机运行时，不要抬起或者移动离心机。

(2)在转子旋转时不要打开门盖。

(3)转子应在转子设计转速内使用，严禁超速使用。

(二)LXJ-ⅡB 型低速大容量多管离心机

1. 操作方法

(1)插上电源，待机指示灯亮；打开电源开关。

(2)设定机器的运转时间。

①按一次“功能键(FUNC)”，显示 CD00。

②按移位键◀、▶和增减键▲、▼，选择时间设定功能码为 CD59。

③按一次“功能键(FUNC)”。

④按移位键◀、▶和增减键▲、▼，选择所需机器运转时间。(如：数码管显示 0.20 表示运转时间为 20 min，显示 1.20 则为 1 小时 20 min)

(3)设定机器的工作转速。

①按一次“功能键(FUNC)”，显示 CD00。

②按移位键◀、▶和增减键▲、▼,选择转速设定功能码为 CD47。

③按一次“功能键(FUNC)”。

④按移位键◀、▶和增减键▲、▼,选择所需机器工作转速。(需要注意:设定值为实际转速/60,如实际需要 4 800 $r \cdot min^{-1}$,则应设定为 80.00)

(4)按运转键(OPERATE),离心机开始运转。

(5)在预先设定的运转时间内离心机开始减速,直至降为 0。

(6)按停止键(STOP),数码管显示 dcdT,数秒后即显示闪烁的转速值,可以进入下一次工作。

2. 注意事项

(1)离心前务须配平,盖好离心机内盖及上盖。

(2)在非 CD47、CD59 状态下请勿随意调动任何数值。

(三)TGL-16M 台式高速冷冻离心机

1. 操作方法

(1)仪器通电。打开仪器的电源开关,压缩机启动,仪表面板上数码管闪亮发光。

(2)打开门盖。点击控制面板上的“开锁”键,门锁打开,向上推启打开仪器的门盖。

(3)转子和试管检查。仪器使用前,须认真检查转子、试管是否存在裂纹、损伤;对于不能使用的必须及时更换和维护。

(4)转子安装。根据需要选择转子,并将转子对准轴套中心,小心仔细地慢慢放入轴套。

(5)离心管加液与配平。将待处理物质转入离心管,并使用天平测量配平。配平后的离心管对称地放入转子,旋转好转子盖。

(6)关闭门盖。将门盖下压关上,用手往上扳门盖时应无法打开。当按启动键时,若离心机无法启动运转,说明门盖未关好,需在重新开门盖后再次关闭门盖。

(7)设置运行参数。

设置转速。按下“SET”键,当“SPEED”显示窗口数码管闪烁时,通过▲或▼键设置本次工作的转速,并按“ENTER”键保存当前设置。

设置时间。按下“SET”键,当“TIME”显示窗口数码管闪烁时,通过▲或▼键设置本次工作的时间,并按“ENTER”键保存当前设置。

设置温度。按下“SET”键,当“TEMP”显示窗口数码管闪烁时,通过▲或▼键设置本次工作所需要的温度,并按“ENTER”键保存当前设置。

(8)启动。按“START”键,启动指示灯亮,仪器启动运行。

(9)停止。

自动停止。仪器运行到设置时间,自动减速停止运行。当转速到0时,可以打开门锁。

人工停止。运行时间倒计时未到0时,通过按“STOP”键离心机减速停止运行。当转速到0时,可以打开门锁。

(10)打开门盖。按门锁键,打开离心机门盖,取出离心管。

(11)卸除转子。根据操作提示,卸除转子,将其置于平铺柔软物的平整桌面。

(12)关闭电源。关闭仪器电源。

2. 注意事项

(1)离心前需在天平上精密地平衡离心管和其内容物,并将样品对称放置于离心机内。

(2)转速设定不得超过最高转速,严禁超速使用。

(3)为保证冷冻效果,当环境温度过高时,应对转子和离心腔进行预冷;离心完毕后要擦干离心腔内水分。

五、柱层析系统

自动液相色谱分离层析仪配备有自动部分收集器、电脑恒流泵、紫外检测仪、层析柱、记录仪或电脑采集器与计算机配合,组成快速、精确、重复性好的自动化中低压层析分离分析系统。以MC99系列自动核酸蛋白(液相色谱)分离层析仪说明柱层析系统的操作。

(一)使用方法

1. 准备工作

(1)将竖杆、安全阀、漏液报警板、梯度杯、硅胶管、层析柱、层析柱固定杆、层析柱固定夹、记录仪、滤光片按以下要求连接好。

①将“竖杆”插入仪器上面中后部的“竖杆”固定座中,同时旋紧固定螺钉。

②将“安全阀”安装在“竖杆”的上部,高低位置以“横杆”中的硅胶管出口比试管口略高3～6 mm为宜,同时将连线插头(四芯)插入仪器后面的“安全阀”插座中。

③将“漏液报警板”放入积液盘(黑色胶木圆盘)的方框中,同时将连接线插头插入仪器后面板的“警控”插座中。

④将“梯度杯”座四脚放在机箱上部右边的4个小圆凹槽内,并将“搅拌磁棒”

放入左杯内。

⑤将“硅胶管”装入恒流泵泵头，先向上拨动“压杆”，使泵头“调整块”上升，把选择好的硅胶管居中放置在滚轮上，向下拨动“压杆”使泵头“调整块”下压压紧硅胶管，并左右向下拉紧硅胶管，再调整泵头两侧卡管装置（向内轻按后下压）卡住硅胶管防止转动时管子的窜动。

⑥将“层析柱固定杆”旋入仪器上部左后角的固定座中，把“层析柱固定夹”安装在固定杆上，上下各一副，同时把“层析柱”固定在层析柱固定夹上，调整好合适高度后，旋紧各自的固定螺钉。

⑦按“记录仪”随机的说明书要求，安装好记录仪。将“记录仪”连接线一头插入仪器后面的“记录仪”插座中，并旋紧螺帽，另一头接到记录仪“信号柱”上，并请注意“＋（红）、－（黑）”极，旋紧接线柱上的螺帽。（用了“记录仪”后，可不用“电脑采集器”）

⑧在断电状态下，将“滤光片选择器”调整到您所需要的波长。

（2）打开“总电源开关”，让检测仪预热 30～60 min。

2. 样品（液体）流向及管路连接

缓冲液体、样品或梯度混合器（右杯）→恒流泵→层析柱进口（上）→层析柱出口（下）→检测仪进口（下）→检测仪出口（上）→安全阀→横杆（MC99-2）或计滴传感器（MC99-3）→收集试管。

3. 系统调试

（1）收集器调试（MC99-2）。

①试管盘的定位。

a. 按“启动”键，接通收集器电源。

b. 将“手动/自动”键置于手动状态，“顺/逆”键置于“顺”的状态，按“手动”键，使试管架转至顶点（此时会报警），然后再将“顺/逆”键置于“逆”的状态，使滴管口在第一根试管的上方，调整滴管口高低，对准中心位置且固定牢。

②设置收集定时时间。

a. 按下“手动/自动”键，指示灯不亮，仪器处于手动收集状态。

b. 按“置位”键，每按一次移动一个位置，根据您的需要设置定时时间，在闪烁的位置上通过“▲”或“▼”键设置该位的时间（点前二位分别为十分和分；点后二位分别为十秒和秒）。

③自动收集。时间设定完毕后按“手动/自动”键，指示灯亮，仪器进入自动收集状态，收集时间以秒递减至零时，仪器自动转一管，然后重新开始计时，当最后一

管收集完毕后仪器会自动报警，等待操作者按“顺/逆”键，解除报警。若在收集过程中由于操作不当而发生漏液现象时，仪器也会自动报警，此时必须关闭电源，排除漏液故障后才能重新开机。

(2)收集器调试(MC99-3)。

①数据输入。准备状态下(液晶屏显示“上海青浦沪西”及注册商标)，可分别按“定时”“定滴”和“定峰”键，进入相应的状态。

a.定时设定。通过“数字”键可对首管参数、未管参数、时分秒参数进行设定，按“确认”键，对输入的数字确认，并进入下一参数的设定。按“清零”键，删除上一个输入数据。

若用上次操作的参数，可直接按“启动/停止”键，进入运行状态。

b.定滴设定。同样，通过“数字”键可对首管、末管、定滴参数进行设定(使用该功能时，需配计滴头后方可工作)。

若用上次操作的参数，可直接按“启动/停止”键，进入运行状态。

c.定峰设定。同样，通过“数字”键可对首管、末管、定峰参数进行设定(使用该功能时，也需配计滴头后方可工作)。

定峰参数中“定峰”指所需收集的峰值(1%～100%)；“长度”指紫外检测仪出口孔至滴管末端之间的长度(1～99 cm)；“管容”指试管的容量(1～12 mL)。

若需重复使用上次设定的参数，则可直接按“启动/停止”键或分别对其参数进行“确认”。

②自动收集。

a.定时收集。数据设定完毕，最后一次按“确认”键后，液晶屏显示定时运行画面，即进入定时收集工作状态。在收集过程中，若按“启动/停止”键，则停止定时收集，返回到准备状态。

b.定滴收集。数据设定完毕，最后一次按“确认”键后，液晶屏显示定滴运行画面，即进入定滴收集工作状态。在收集过程中，若按“启动/停止”键，则停止定滴收集，返回到准备状态；在收集过程中，若发生断液报警，需按“启动/停止”键且注入液体后，收集继续进行。

c.定峰收集。数据设定完毕，最后一次按“确认”键后，液晶屏显示定峰运行画面，即进入定峰收集工作状态。收集结束后报警，且显示收集的有效管号。在收集过程中，若按“启动/停止”键，则停止定峰收集，返回到准备状态。

以上正常收集时，收集器滴管口将首先停留在第一管(此时若按“清零”键可返回准备状态)，等待操作者调整滴管口高低，对准第一管中心位置，并固定牢。然后再按“启动/停止”键(在液晶屏现管位置后有“↓”闪动状态下)，收集器则自动定位到所设定的首管号处开始收集，末管号处收集完后报警。等待按“启动/停止”键，解除报警，返回准备工作状态。

(3)恒流泵调试(MC99-2)。

①按“启动”键，接通恒流泵电源。

②将恒流泵的流量调整到系统需要的流量，慢慢调节“调速”旋钮，用量杯测定好所需的流量后，锁紧“调速”旋钮上的锁紧开关。

③按“换向”键，可改变输液方向，使加液改为抽液，使加压改为抽压。

(4)恒流泵调试(MC99-3)。

①按“启动/停止”键，接通恒流泵电源。

②在定时、定滴或定峰收集状态下，将恒流泵的转速调整到系统需要的流量转速。

③按“<>”键，可改变输液方向，使加液改为抽液，使加压改为抽压。

(5)梯度混合器调试。

①按“启动”键，接通梯度仪电源。

②将梯度仪的调速旋钮调整到适当的混合转速。

③关闭(旋转方向向左)混合输出阀门，将浓缩液倒入右杯，打开(旋转方向向右)混合阀门，让溶液经过通道渗入左杯，立即关闭混合阀门。将另一稀释溶液倒入左杯，使两杯液位相同，然后再打开混合阀门，使两液面保持平衡。

④两杯之间通道内如果存有气泡，应设法将气泡除去后方能使用。

⑤打开输出阀门，根据需要的斜率，缓慢调节输出流量。

(6)检测仪调试。

①仪器预热 30～60 min 后，可对检测仪进行调试。

②选择“记录仪”信号在 10 mV，走纸速度(3～6) $cm \cdot h^{-1}$(可根据需要自行掌握)。

③检查检测波长是否正确。

④将“灵敏度”选择为 T 档，“T”指示灯亮，调节“T”旋钮，使 T 为“100”(此时透过率“T”为 100%，“记录仪”指示在 10 mV 满刻度)。

⑤将“灵敏度”选择为 0.5A 档，“A”指示灯亮(0.5A 为常用档，也可选择其他档，视样品出峰大小而定)。调节“A 调零”旋钮，使“A”为零(此时吸光度“A”为零，“记录仪”指示在 0 刻度上)。若有差异，可微调记录仪“调零”旋钮。

⑥根据实验要求，安装好层析柱，接通恒流泵电源，调节到合适的流速，使“缓冲液”流过检测仪“样品池”，并保证整个系统不出现气泡。此时，按以上④调节“T”旋钮，使透光率“T”为“100”，再按照⑤调节“调零”旋钮，使吸光度“A”为“0”。

此时系统达到平衡，可加样检测同时连接收集器，并使收集器处于自动状态，可实现自动检测和样品收集。当样品流过检测仪时，记录仪可根据样品浓度绘出图谱（若要改变给出的图谱出峰大小，可改变“灵敏度”选择档，但检测仪数码管显示不得大于 100）。

MC99-3 液晶屏能显示“定峰”收集到的有效管号、管数等参数和收集过程的实际波形曲线等。

4. 绘制“T-h”；“A-h”图谱

(1)绘制“T-h”图谱(透过峰)。调节“T”旋钮，使记录仪记录笔在满量程位置(即 $T=100\%$)，当洗脱样品流过检测仪时，记录仪即可自动绘制出“透过率”T 随“时间”h 变化的图谱。

(2)绘制“A-h”图谱(吸收峰)。按下“T”键，调节“T”旋钮，使透过率为 100%，然后按下“0.5A”键，调节“A 调零”旋钮使吸光度 A 为零(即记录仪记录笔在零位)作为基线(为防止系统出现漂移，基线亦可调节在大于零的位置上，如记录仪满量程 1/10 的位置上，读取 A 值时注意扣除此数值)。当洗脱样品流过检测仪时，记录仪即可绘制出吸光度 A 随时间 h 变化的图谱。选取吸光度量程视样品浓度和吸收峰大小而定，通常选取“0.5 A”档，能满足一般实验需要。

(二)注意事项

(1)必须使用标准的三芯电源插座，且接地良好，以确保使用安全。

(2)在安装连接过程中必须断电关机操作，待安装检查完毕后，再可开机调试，以免损坏机器。

(3)安装“层析柱”时，定位后必须旋紧各自的固定螺钉，以免固定不稳后造成“层析柱”的损坏。

(4)每次使用前必须对收集器重新定位(如要从内圈向外圈收集时，必须在内圈终点报警时，复位后重新定位，此时的第一管为内圈的第一管。MC99-3 会自动定位)。

(5)试管盘与仪器是单独配置的，不能与其他仪器混用。万一配错可通过试管盘上的编号和仪器后面板上的编号重新配置，使编号一致后才能正常使用。

(6)硅胶管是易损件，使用一段时间后要及时更换。

(7)仪器应避免在强光下工作。在仪器通电情况下不得取出“样品池”和选择滤光波长，以免仪器受损。

(8)数字显示的“吸光度”和记录仪自动绘制“吸光度”的图谱是两个互相独立的检测系统。

(9)在使用前须对整个系统进行清洗,以保证系统的精度。

(10)层析系统平衡后(一般装柱后须平衡数小时),在开始加样前再校对一次“T”100%和“吸光度”零基线,加样后不可再调节“检测仪”所有旋钮。

(11)MC99-3 与泵配套使用时,则必须将恒流泵设置在恒速工作状态。

(12)MC99-3 定滴、定峰收集时,计滴头内孔必须保持清洁不可残留任何杂物及灰尘。

(13)MC99-3 在正常使用过程中不可将安全阀、警控扦头等拔出,若要扦拨则必须在关闭电源后进行。

(14)实验结束后,必须马上对系统进行清洗(将“样品池”进口接入恒流泵,用蒸馏水清洗 10 min 以上),不然会污染“样品池”和“层析柱”,再次使用时会影响检测数据的准确性,严重的会造成系统不能正常工作,尤其会对检测仪的“样品池”造成永久性的污染,这必须更换“样品池”才能正常工作。清洗结束后关闭电源。

(15)本仪器不宜输送有机溶剂和强酸强碱溶剂。

六、电泳设备

电泳设备主要包括电泳仪、电泳槽等。

(一)DYY-6C 电泳仪

电泳仪是提供电泳的专用电源设备,作电泳时应配合所需不同型号的电泳槽共同工作。电泳仪提供直流电,在电泳槽中产生电场,驱动带电分子的迁移。

1. 操作方法

(1)按下电源开关,并确认与有接地保护的电源插座相连。

(2)按颜色接好电泳槽与电泳仪的连接导线,并装入电泳样品。有关电泳样品的详细操作参看电泳槽的使用说明。

(3)确认电源符合要求后,开启仪器的电源开关。

(4)此时“液晶显示屏”显示“欢迎使用 DYY-6C 型电泳仪”字样。同时,仪器蜂鸣 4 声后,液晶屏显示上一次工作的设定值。

对于每次重复使用同一参数时,即可直接选择 Start 后启动输入。

(5)设置工作程序。如要改变其数值可按“▲”“▼”按键,每按一次改变一个数字量,如需快速改变可按住按键不放松,则数值会连续快速改变,当到达所需数值时松开即可。

如希望查看并设置电压、电流和定时时间,可以按“选择”键,此时“←”指示相应位置,同样,其数量有上下调节键控制。

Us=400 V ←
Is=400 mA
Ts=1:30
T=1:00—start
T=0:00—Go on

设定定时的范围为:1 min 至 99 h 59 min。

(6)程序设置完毕后,按“启动”键,仪器蜂鸣 4 声,启动电泳仪输出程序,“输出指示灯”闪亮。当输出稳定后,稳压/稳流状态由 U、I 是否闪烁表示。在稳压/稳流状态改变时,仪器会自动蜂鸣 2 声以提醒用户。仪器正常输出后,设定值 Us、Is、Ts 自动变为实际值 U、I、T。

(7)如果没有达到预想的稳定值,可采取两方面措施解决:

①检查电泳样品的配置是否正常。

②调节相应电压电流的设定值。

(8)选择设置 Us、Is、Ts 后,在 8 s 内不按任何按键,则自动返回显示实际值 U、I、T。

(9)仪器正常输出时若要停机,可按“启/停”键,输出立刻关闭,并显示“stop”同时仪器反复蜂鸣,此时按一下选择键,仪器停止蜂鸣。如果希望继续工作,按一下“Go on”,定时时间继续累加。而如果选择“Start”,则计时重新从“0:00”开始。

(10)仪表显示以下信息的含义:

Stop→停机;

No Load→空载;

Over_load→过载停机;

Over_U→电压超限;

Over_I→电流超限

当出现开路、过载等显示时,应检查相应输出回路是否存在故障,在 6 s 内恢复正常则仪器可继续工作,否则停机。

2. 注意事项

(1)本机使用一段时间后应检查电极连线与电泳槽是否接触良好,以避免因连接故障造成仪器不能正常工作。

(2)仪器在使用中请勿将电泳槽放在电泳仪上进行试验,严禁溅入电解质溶液，如溶液已进入电泳仪，切勿接通电源，以免造成事故，同时应由专业人员修理才可使用。

(3)本仪器输出电压较高，使用中应避免接触输出回路及电泳槽内部，以免发生危险。

(4)本机接两个以上电泳槽时，电流显示值为各槽电流之和。而各槽上的电压是相同的，此时应采用稳压工作方式为宜。

(5)本仪器输出功率较大，因此采用了智能通风散热电路，当输出电流达到一定数值时，仪器后面板的风扇自动启动，因此在仪器工作时不要用物体遮挡后面板。

(6)使用过程中如发现异常，要立即断电并进行检修。

(7)使用过程中出现停电后来电情况，本仪器将回到初始设定状态。

(8)当仪器定时达到最大时间 100 h 后，仪器自动关闭输出，并显示“END”。

(二)DYCZ-24DN 型垂直电泳槽

DYCZ-24DN 型垂直电泳仪(槽)可同时做双板胶，条带清晰，可适用于蛋白凝胶电泳。

1.使用方法

(1)制胶。将凹玻璃板与平玻璃板重叠，用手将两块玻璃板夹住放入电泳槽主体内，然后插入斜插板挤紧玻璃板。如果是做单板胶，另一侧用单胶堵板代替。

将电泳槽主体放在制胶器上，此时手柄箭头与底座箭头对齐，两手同时把手柄向里推动，直到推不动为止，然后开始旋转手柄。

①如果是做 1.5 mm 的胶，旋转手柄听到咔的一声，底座箭头指向手柄 1.5 mm 标志处，此时已经压紧，开始灌胶。

②如果是做 1.0 mm 的胶，旋转手柄听到咔、咔的两声，底座箭头指向手柄 1.0 mm 标志处，此时已经压紧，开始灌胶。

③如果是做 0.75 mm 的胶，旋转手柄听到咔、咔、咔的三声，手柄箭头指向竖直下方，此时已经压紧，开始灌胶。

④如果是做单板胶，另一侧用单胶堵板代替，这一侧旋转手柄听到咔咔两声，底座箭头指向手柄 1.0 mm 标志处，另一侧指向相应的位置。

凝胶聚合后，反向转动手柄箭头与底座箭头对齐。此时手柄弹出。然后把电泳槽主体从制胶器上取下放入电泳槽下槽，将缓冲液加至内槽玻璃凹口以上，外槽缓冲液加到距平玻璃上沿 3 mm 处即可电泳。注意避免在胶室下端出现气泡。

(2)电泳。加样时可用加样器斜靠在提手边缘的凹槽内，以准确定位加样位置。盖好上盖，在电压 150 V 以下进行电泳分离，根据指示剂位置确定电泳时间。电泳结束后，关掉电源，按住本体提手打开上盖，拔掉斜插板，取出玻璃板，用刀片或薄板轻轻将玻璃夹层分开。

2. 注意事项

(1)电泳前，禁止将电泳槽附带的电源导线连接到电泳仪电源上。

(2)主体放制胶器以前，橡胶必须放在制胶器定位槽内，橡胶正反两面都可以使用，可交替使用。每次制胶后可用清水冲净，自然风干或用吸干纸吸干，切不可用加热方法烘干。

(3)在灌胶和凝胶过程中，不要转动手柄，否则会漏胶。

(三)DYCP-38C 型卧式水平电泳槽

DYCP-38C 型卧式水平电泳槽可做各种纸电泳、醋酸纤维薄膜电泳、载玻片电泳。

1. 使用方法

在电泳槽的 2/3 个缓冲液槽中加入电极缓冲液。

根据电泳槽的宽度，剪裁尺寸合适的滤纸条。将滤纸条置于电泳槽的膜支架上，使滤纸的一端与支架前沿对齐，另一端浸入电极缓冲液内。

当滤纸条全部浸润后，以玻璃棒轻轻挤压在膜支架上的滤纸以驱赶气泡，确保滤纸的一端紧贴在膜支架上。

在浸透的薄膜上点样，将点好样的薄膜平贴在阴极电泳槽支架的滤纸上，另一端平贴在阳极端支架上。

接通电源，电泳。取出薄膜，染色、漂洗、观察、分析。

2. 注意事项

(1)使用时注意保持电泳槽的清洁。

(2)使用后要彻底清洗，可用海绵沾少许洗衣粉、洗涤剂清洗，再用蒸馏水冲洗干净，放在无灰尘处晾干备用。

七、常用电热设备

(一)鼓风干燥箱

1. 使用方法

(1)物品放入。把物品放入干燥箱内，关好箱门。根据干燥物品的潮湿情况把风门旋钮旋到合适位置，一般旋至“Z”处；若比较潮湿，将调节旋钮调节至“三”处。

(2)开机。打开电源及风机开关。

(3)设置。按 SET 键后，用移位键设定所需温度。温度设置完毕，再按一下 SET 键，进入定时功能，用加键设定所需时间。若不使用定时功能则再按一下 SET 键即可。

(4)干燥结束。如需更换干燥物品则在开箱门前先将风机开关关掉，以防干燥物被吹掉；如不立刻取出物品，应先将风门调节旋钮旋转至“Z”处，再把电源开关关掉，以保持箱内干燥；如不再继续干燥物品则将风门处于“三”处，把电源开关关掉，待工作室冷却至室温后，取出箱内干燥物品，将工作室擦干。

2. 注意事项

(1)刚开始恒温时，设备可能因余热影响会出现温度继续上升，借助箱内控温器可自动控温，不用人工管理。

(2)具有易燃挥发性的物品，切勿放入干燥箱内。

(3)干燥箱一般不可开着过夜。

(二)电热恒温培养箱

1. 使用方法

(1)接通电源。按下电源开关，此时电源指示灯亮。

(2)温度设置。按功能键 15 s 以上，显示器显示 SP，按调节键，设定所需的设定值。

(3)工作运行。再按功能键，显示屏显示培养箱的测定温度。加热灯亮，仪器进入自动恒温控制状态。当培养箱测定温度达到设定温度时，加热中断，加热指示灯灭。

(4)培养结束。取出样品，关闭电源。

2. 注意事项

(1)腐蚀性及易燃性物品禁止放入箱内。

(2)在通电使用时，切忌用手接触设备的电器部分或用湿布揩抹及用水冲洗。

(三)电子恒温水浴锅

1. 使用方法

(1)先将排水口的胶管夹紧,再将清水注入水浴锅箱体内。

(2)接通电源,显示 OFF 的红色指示灯亮,旋转温度调节旋钮至设定的温度,水开始被加热,指示灯 ON 亮;当温度上升到设定温度时,指示灯 OFF 亮,水开始被恒温。

(3)水浴恒温后,将装有待恒温物品的容器放于水浴中开始恒温。

(4)使用完毕后,取出恒温物,关闭电源,排除箱体内的水。

2. 注意事项

(1)设备工作室内加水之前切勿接通电源,且水位必须高于不锈钢隔板。

(2)使用后箱内水应及时放净,并用软布擦拭干净,晾干。

八、其他常用设备

(一)循环水式真空泵

1. 使用方法

(1)准备工作,将本机平放于工作台上,首次使用时,打开水箱上盖注入清洁的凉水(亦可经由放水软管加水),当水面即将升至水箱后面的溢水嘴下高度时停止加入,重复开机可不再加水。但最长时间每周更换一次水,如水质污染严重,使用率高,可缩短更换水的时间,最终目的要保持水箱中的水质清洁。

(2)抽真空作业,将需要抽真空的设备的抽气套管紧密接于本机抽气嘴上,检查循环水开关应关闭,接通电源,打开电源开关,即可开始抽真空作业,通过与抽气嘴对应的真空表可观察真空度。

(3)当本机需长时间连续作业时,水箱内的水温将会升高,影响真空度,此时,可将放水软管与水源(自来水)接通,溢水嘴作排水出口,适当控制自来水流量,即可保持水箱内水温不升使真空度稳定。

(4)当需要为反应装置提供冷却循环水时,将需要冷却的装置的进水、出水管分别接到本机后部的循环水出水嘴、进水嘴上,转动循环水开关至 ON 位置,即可实现循环冷却水供应。

2. 注意事项

(1)水箱必须加满水后再开机使用。

(2)必须经常更换水箱里的水,保持水箱清洁。

(3)每次使用,必须开循环水,确保无异味及仪器不至于发热而影响仪器使用寿命;若隔夜使用,请确保循环水一直开着。

(二)高速万能粉碎机

1. 使用方法

(1)打开粉碎室上盖,装入粉碎物,然后将上盖拧好。

(2)接通与本设备要求相一致的电源,并将所使用供电电源插座的接地端可靠接地。

(3)插好电源插头,接通电源,设备开始正常工作,2 min左右,关闭开关,打开上盖取出粉碎物,若粉碎物达不到细度要求时,重新开机。

2. 注意事项

(1)一次待粉碎物投入量要适量,不要过多。

(2)粉碎物必须保持干燥,不宜粉碎潮湿或油脂过高的物料。

(3)每次粉碎时间不宜过长,应适当间歇,再继续使用。

(4)打开粉碎室机盖前应注意切断电源,严禁开盖启动。

(三)三用紫外分析仪

1. 使用方法

(1)接通电源。

(2)开启相应电源开关(365 nm 开关、点样开关、254 nm 开关)。

(3)将检测物放在观察平台上,分析观察荧光和显色情况。

(4)如用黑布遮去可见光再进行观察,则效果可能更好。

2. 注意事项

(1)开灯后,切勿用眼睛直视光源,以防紫外光线灼伤眼睛。

(2)设备应置于清洁干燥处,避免振动,以防滤光片破碎。

(3)避免直接用手接触灯管和滤光片。

附录七　离心机转速($r \cdot min^{-1}$)与相对离心力(RCF)的换算

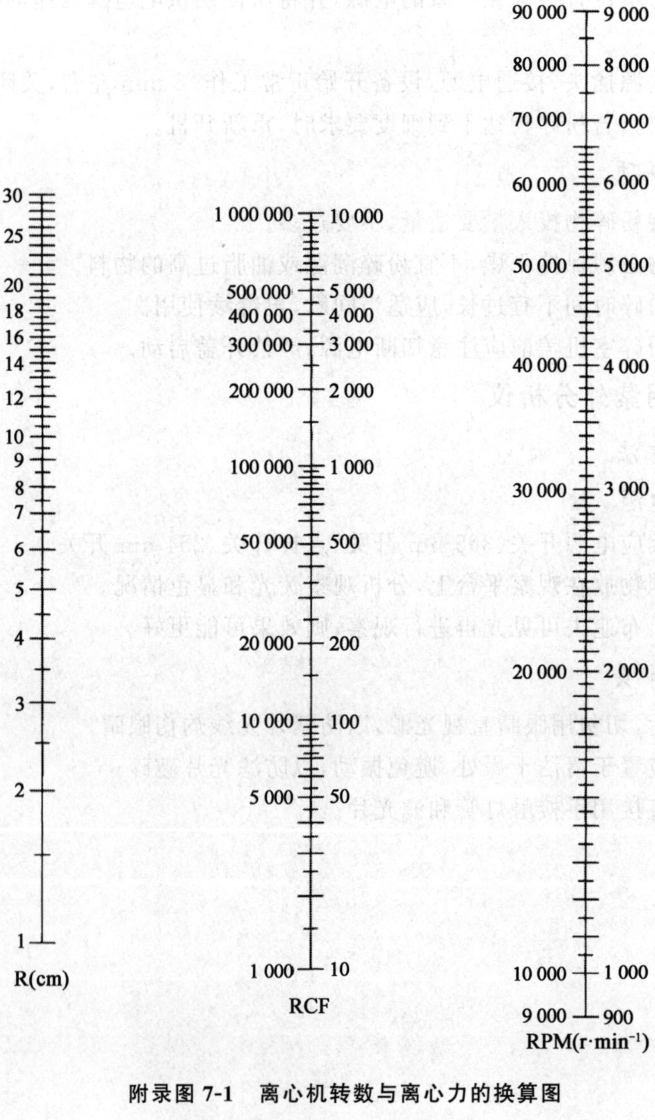

附录图 7-1　离心机转数与离心力的换算图

附录图 7-1 中，R 为离心机头的半径(角转头)，或离心管中轴底部内壁到离心机转轴中心的距离(水平转头)，单位为 cm。

RPM ($r \cdot min^{-1}$)为离心机每分钟的转速。RCF 为相对离心力，以地心引力即重力加速度的倍数来表示，一般用 g (或数字$\times g$)表示。图中离心机转数与离心力的列线图是由下述公式计算而来的：

$$RCF = 1.119 \times 10^{-5} \times R \times (RPM)^2$$

将离心机转数换算为离心力时，首先，在 R 标尺上取已知的半径和 RPM 标尺上取已知的离心机转数。然后，将这两点间划一条直线，在图中间 RCF 标尺上的交叉点即为相应离心力数值。注意，若已知转数值处于 RPM 标尺的右边，则应读取 RCF 标尺右边的数值。同样，转数值处于 RPM 标尺左边，则读取 RCF 标尺左边的数值。

附录八　常见蛋白质的相对分子质量和等电点参考值

一、常见蛋白质的相对分子质量参考值

名　称(英文)	相对分子质量
血清白蛋白(人)[serum albumin(human)]	68 000
血清白蛋白(牛)[serum albumin(bovine)]	67 000
过氧化氢酶(catalase)	232 000(4)
谷氨酸脱氢酶(glutamate dehydrogenase)	320 000
卵清蛋白(鸡)[ovalbumin(hen)]	43 000
甘油醛磷酸脱氢酶(glyceraldehydes phosphate dehydrogenase)	72 000(2)
胃蛋白酶(猪)(pepsin)	35 000
胰凝乳蛋白酶原(chymotrypsinogen)	25 700
胰蛋白酶(trypsin)	23 300
肌红蛋白(myoglobin)	17 200
血红蛋白(hemoglobin)	64 500(4)
核糖核酸酶(ribonuclease)	13 700
细胞色素 C(cytochrome C)	13 370
胰岛素(insulin)	11 466(2)
α-淀粉酶(α-amylase)	50 000(2)
琥珀酸脱氢酶(succinate dehydrogenase)	97 000(2)(70 000,27 000)
脲酶(urease)	480 000(5)(240 000(2), 83 000(3)]

二、常见蛋白质的等电点参考值

名　称(英文)	等电点(pI)
血清白蛋白(serum albumin)	4.7～4.9
α-酪蛋白(α-casein)	4.0～4.1
β-酪蛋白(β-casein)	4.5
γ-酪蛋白(γ-casein)	5.8～6.0
κ-酪蛋白(κ-casein)	4.1
β-乳球蛋白(β-lactoglobulin)	5.1～5.3
肌红蛋白(myoglobin)	6.99
血红蛋白(人)[hemoglobin(human)]	7.07
血红蛋白(鸡)[hemoglobin(hen)]	7.23
血红蛋白(马)[hemoglobin(horse)]	6.92
细胞色素 C(cytochrome C)	9.8～10.0
胃蛋白酶(pepsin)	1.0
糜蛋白酶(chymotrypsin)	8.1

附录九　硫酸铵饱和度常用表

一、调整硫酸铵溶液饱和度计算表(25℃)

硫酸铵初质量浓度，饱和度/%	硫酸铵终质量浓度(饱和度/%)																
	0	20	25	30	33	35	40	45	50	55	60	65	70	75	80	90	100
	每 1 000 mL 溶液加固体硫酸铵的质量/g*																
0	56	114	114	176	196	209	243	277	313	351	390	430	472	516	561	662	707
10		57	86	118	137	150	183	216	251	288	326	365	406	449	494	592	694
20			29	59	78	81	123	155	189	225	262	300	340	382	424	520	619
25				30	49	61	93	125	158	193	230	267	307	348	390	485	583
30					19	30	62	94	127	162	198	235	273	314	356	449	546
33						12	43	74	107	142	177	214	252	292	333	426	522
35							31	63	94	129	164	200	238	278	319	411	506
45									32	65	99	134	171	210	250	339	431
50										33	66	101	137	176	214	302	392
55											33	67	103	141	179	264	353
60												34	69	105	143	227	314
65													34	70	107	190	275
70														35	72	153	237
75															36	115	198
80																77	157
90																	79

* 在 25℃下，硫酸铵溶液由初浓度调到终浓度时，每升溶液所加固体硫酸铵的克数。

二、调整硫酸铵溶液饱和度计算表(0℃)

硫酸铵终质量浓度(饱和度/%)																		
			20	25	30	35	40	45	50	55	60	65	70	75	80	85	90	100
每 100 mL 溶液加固体硫酸铵的质量/g*																		
硫酸铵初质量浓度,饱和度/%	0	10.6	13.4	16.4	19.4	22.6	25.8	29.1	32.6	36.1	39.8	43.6	47.6	51.6	55.9	60.3	65.0	69.7
	5	7.9	10.8	13.7	16.6	19.7	22.9	26.2	29.6	33.1	36.8	40.5	44.4	48.4	52.6	57.0	61.5	66.2
	10	5.3	8.1	10.9	13.9	16.9	20.0	23.3	26.6	30.1	33.7	37.4	41.2	45.2	49.3	53.6	58.1	62.7
	15	2.6	5.4	8.2	11.1	14.1	17.2	20.4	23.7	27.1	30.6	34.3	38.1	42.0	46.0	50.3	54.7	59.2
	20	0	2.7	5.5	8.3	11.3	14.3	17.5	20.7	24.1	27.6	31.2	34.9	38.7	42.7	46.9	51.2	55.7
	25		0	2.7	5.6	8.4	11.5	14.6	17.9	21.1	24.5	28.0	31.7	35.5	39.5	43.6	47.8	52.2
	30			0	2.8	5.6	8.6	11.7	14.8	18.1	21.4	24.9	28.5	32.3	36.2	40.2	44.5	48.8
	35				0	2.8	5.7	8.7	11.8	15.1	18.4	21.8	25.4	29.1	32.9	36.9	41.0	45.3
	40					0	2.9	5.8	8.9	12.0	15.3	18.7	22.2	25.8	29.6	33.5	37.6	41.8
	45						0	2.9	5.9	9.0	12.3	15.6	19.0	22.6	26.3	30.2	34.2	38.3
	50							0	3.0	6.0	9.2	12.5	15.9	19.4	23.0	26.8	30.8	34.8
	55								0	3.0	6.1	9.3	12.7	16.1	19.7	23.5	27.3	31.3
	60									0	3.1	6.2	9.5	12.9	16.4	20.1	23.1	27.9
	65										0	3.1	6.3	9.7	13.2	16.8	20.5	24.4
	70											0	3.2	6.5	9.9	13.4	17.1	20.9
	75												0	3.2	6.6	10.1	13.7	17.4
	80													0	3.3	6.7	10.3	13.9
	85														0	3.4	6.8	10.5
	90															0	3.4	7.0
	95																0	3.5
	100																	0

* 在 0℃下,硫酸铵溶液由初浓度调到终浓度时,每 100 mL 溶液所加固体硫酸铵的克数。

参考文献

1. 陈毓荃. 生物化学实验方法和技术[M]. 北京：科学出版社，2002.
2. 金青. 生物化学实验指导[M]. 北京：中国农业大学出版社，2014.
3. 战广琴，钱万英. 生物化学实验[M]. 北京：中国农业大学出版社，2001.
4. 赵永芳. 生物化学技术原理及应用[M]. 4 版. 北京：科学出版社，2008.
5. 胡琼英，秦春，陈敏. 生物化学与分子生物学实验技术[M]. 3 版. 北京：化学工业出版社，2014.
6. 蔡永萍，江海洋. 生物学综合实验技术[M]. 北京：中国农业大学出版社，2016.
7. 俞建瑛，蒋宇，王善利. 生物化学实验技术[M]. 北京：化学工业出版社，2005.
8. 蒋立科，罗曼. 生物化学实验设计与实践[M]. 北京：高等教育出版社，2006.
9. 魏群. 基础生物化学实验[M]. 3 版. 北京：高等教育出版社，2009.
10. 蒋立科，郭春绒，文汉. 普通生物化学教程实验指导[M]. 北京：化学工业出版社，2009.
11. 张丽萍，魏民，王桂云. 生物化学实验指导[M]. 北京：高等教育出版社，2011.
12. 曾富华. 生物化学实验技术教程[M]. 北京：高等教育出版社，2011.
13. 周楠迪，史锋，田亚平. 生物化学实验指导[M]. 北京：高等教育出版社，2011.
14. 郭蔼光，郭泽坤. 生物化学实验技术[M]. 北京：高等教育出版社，2007.
15. 冯建跃. 高校实验室化学安全与防护[M]. 杭州：浙江大学出版社，2012.
16. 郑春龙. 高校实验室生物安全技术与管理[M]. 杭州：浙江大学出版社，2013.